爱恋蕾丝

精美的蕾丝服饰钩织

日本宝库社　编著
梦工房　译

河南科学技术出版社
·郑州·

目 录

可爱纤细、令人心动的蕾丝

一针一针钩织的可爱纤细、令人心动的蕾丝披肩，
你不想用到每天的精心搭配中吗？它可以使朴素装扮一下子变得华丽高贵，
心情也会由此变得比平时更加温和。

1

花片连接的披肩领

看起来凉爽怡人的冰激凌蓝色的连衣裙，搭配上纯白色的蕾丝披肩领，装扮成雅致的成熟类型。

设计 / 镰田惠美子　制作 / 饭塚静代
使用毛线 /DARUMA 蕾丝线 #30
钩织方法 / 第 34 页

2

花片连接的披肩

给人留下香槟泡沫印象的、纤细美丽花片连接的披肩，只是随意地披在肩上，外出时尽显高雅的风采。

设计 / 古股美智子
使用毛线 / DARUMA 蕾丝线 #30
钩织方法 / 第 36 页

3

无纽扣短马甲

边缘编织使用方格编织的饰边，给人动感褶皱的印象。最简单的设计，混有金银线的钩织，使其更有存在感。

设计 /Ucono
使用毛线 / DARUMA 金银丝蕾丝线 #30
钩织方法 / 第 38 页

4

无扣短袖衫

流行的深紫色、优雅的小花、简约的式样，
与白色搭配显得轻松明快。

设计 / 冈本启子　制作 / 左伯寿贺子
使用毛线 / DARUMA 蕾丝线 #30
钩织方法 / 第 42 页

5

立体花饰亚麻女帽

这是一顶点缀有立体花片的、经典款式的带帽檐的帽子。亚麻材质的选用，使佩戴起来的感觉十分清爽。

设计 / 今井昌子
使用毛线 / DARUMA 亚麻蕾丝线 #30
钩织方法 / 第 46 页

6

褶边亚麻装饰围巾

高档的爱尔兰的亚麻的沙粒一样的感觉，透露着凉爽。作为首饰的替代品，这款围巾看起来无论搭配什么都很合适。

设计 / 前芽由美子
使用毛线 / DARUMA 亚麻蕾丝线 #30
钩织方法 / 第 45 页

让自己快乐的小小蕾丝必需品

因为希望能够更加轻松地享受钩织，而且可立刻钩织立刻使用，所以积累起来的都是一些小小的作品。
不论是初次挑战蕾丝钩织的人还是爱好蕾丝钩织的人，都想要快一点完成钩织。这种心情大家都是一样的吧。

7

假领

不论什么年代，假领都已完全成为了时尚的必需品。不过分豪华的设计，人人都可以轻松地尝试。

设计 / 风工房
使用毛线 / DARUMA 蕾丝线 #30
钩织方法 / 第 47 页

8

迷你披肩领

垂到肩膀的宽松舒适的披肩领，是想要装扮娇柔气质的女士的珍藏品。几层重复的扇贝形花样戏剧般地引人注意。

设计 / 河合真弓
使用毛线 / DARUMA 绢丝蕾丝线 #30
钩织方法 / 第 50 页

9 松叶针长围巾

漂亮的粉色围巾，使脸庞一下变得亮了。两端排列的菠萝花，为简约的围巾增添了几分淡雅。

设计 / 新居线乃
使用毛线 / DARUMA 蕾丝线 #30
钩织方法 / 第 51 页

10
花片连接的荷包
立体钩织花片连接制作的小荷包，也可以用作化妆包。从包里取物的一瞬间就会聚集视线，这是一定不会错的。

设计 /Sachiyo Fukao
使用毛线 / DARUMA 蕾丝线 #18
钩织方法 / 第 53 页

11
菠萝花背包
美丽的菠萝花背包，挎在肩上显得不同一般。因为不会增大行李的体积，所以带到休闲度假的地方去，它也可能会成为至宝。

设计 / 冈本启子　制作 / 中村千枝子
使用毛线 / DARUMA 蕾丝线 #18
钩织方法 / 第 53 页

12

团花胸饰

花团锦簇十分可爱的胸饰，色调如此别致，平时或在招待客人时佩戴，都是不错的选择。

设计 / 松本熏
使用毛线 / DARUMA 蕾丝线 #40
DARUMA 金银丝蕾丝线 #30
钩织方法 / 第 56 页

13、14

项链、耳环

将一枚一枚的花瓣仔细钩织成的蕾丝项链，和果冻比起来一点也不逊色。在耳边轻轻摆动的耳环也很绝妙。

设计 / 松本熏
使用毛线 / DARUMA 蕾丝线 #40
DARUMA 金银丝蕾丝线 #30
钩织方法 / *13* 见第 58 页、*14* 见第 57 页

15

迷你长围巾

看起来上等的金银丝感，使朴素织片的围巾更显高雅。不论是个性十足的还是充满女性风采的女士，都会喜欢它。真是非常实用的一条围巾！

设计 / 风工房

使用毛线 / DARUMA 金银丝蕾丝线 #30

钩织方法 / 第 55 页

16

锦上添花的项链和耳环

舒适的蓝色项链和耳环，给人以冰激凌般凉爽的感觉。爱尔兰风蕾丝树叶和花片让人印象深刻。

设计 /Sachiyo Fukao
使用毛线 / DARUMA 蕾丝线 #40
钩织方法 / 第 60 页

17

婚戒枕和糖果袋

为了自己，为了最珍惜的人，倾注真心想要钩织这一仪式品项。特别的一天用美丽的蕾丝装点，留下最美好的回忆。

设计 / 茂木三纪子
使用毛线 / DARUMA 蕾丝线 #40
钩织方法 / 第 62 页

美丽雅致的上衣和长围巾

如果想更加享受蕾丝钩织，那就来挑战用上等的、闪闪发光的材料精心钩织值得珍藏的作品。
为了想在特殊的那一天华丽装扮自己，静下心来慢慢地钩织，试试看好吗？

18

带袖褶边披肩

无论是前面还是背面，褶皱状的自然下垂，富有节奏感的泡泡花，都为这款披肩增加了几分可爱。

设计 / 河合真弓　制作 / 堀口美雪
使用毛线 / DARUMA 绢丝蕾丝线 #30
钩织方法 / 第 66 页

19

圆形菠萝花围巾

美丽的菠萝花半圆形围巾，调和了丝绸的材质感，尽显成熟女性的从容。

设计 / 岸睦子
使用毛线 / DARUMA 绢丝蕾丝线 #30
钩织方法 / 第 68 页

20

圆育克珠饰套头衫

这是一款钩入串珠、颜色雅致的连肩袖套头衫，丝绸的光泽感和织片立体的钩织方法，尽显华丽和品位。

设计 / 冈本真希子
使用毛线 / DARUMA 绢丝蕾丝线 #30
钩织方法 / 第 72 页

21

花片三角蕾丝围巾

纤细花片构成的三角蕾丝围巾，由加入了金银丝的蕾丝线钩织而成。甜甜的氛围中，透露出酷酷的现代风格。

设计 / 河合真弓　制作 / 堀口美雪
使用毛线 / DARUMA 金银丝蕾丝线 #30
钩织方法 / 第 75 页

22
异域风长围巾

穗带中的泡泡针不愧为点睛之笔，轻盈的金银丝和七宝花织片，透露出极具魅力的异国风采。

设计 / 林九仁子
使用毛线 / DARUMA 金银丝蕾丝线 #30
钩织方法 / 第 77 页

23

古典风三角围巾

点缀了立体花片的古典风格三角围巾，总体尺寸虽然稍小，但是底边留得相对较长一些，如何设计舒适的佩戴方法也是快乐之一。

设计 /Yuki Ayano
使用毛线 / DARUMA 绢丝蕾丝线 #30
钩织方法 / 第 78 页

用美丽的蕾丝点缀生活

说到蕾丝钩织装饰，不得不提纤细花片连接的小桌垫，精巧的方格编织如此极具魅力。
最绝妙的是给台布加上饰边，居家享受轻松的时刻。
最重要的是用属于自己的“最爱”，装点自己的周围，感觉特别顺心。

24、25

玫瑰花小桌垫和玫瑰花杯垫

素朴的方格花点缀上可爱的小玫瑰花，这样浪漫的小桌垫和杯垫，可作为珍藏品用来待客。

设计 / 武田墩子
使用毛线 / DARUMA 蕾丝线 #30
钩织方法 / 第 80 页

26
华美的桌垫和杯垫

从中心的花片开始钩织，花瓣好像是有节奏地扩散出去。跳跃感的设计，使桌子一下就变得明亮起来。

设计 / 冈本启子　制作 / 笹川美代子
使用毛线 / DARUMA 蕾丝线 #40
钩织方法 / 第 82 页

2009

27

小桌垫和杯垫

小小的花片用网格针连接，纤细感和爆米花针的扇贝饰边，给人留下深刻印象。虽然是稳重的设计，但看起来在任何场景都很活跃。

设计 / 远藤广美
使用毛线 / DARUMA 蕾丝线 #40
钩织方法 / 第 84 页

28

自然风长台布

亚麻台布缝上饰边就是充满自然风格的长台布。每天使用都是那么轻松、开心。

设计 / 林九仁子
使用毛线 / DARUMA 亚麻蕾丝线 #30
钩织方法 / 第 86 页

29

餐布

餐布缝上饰边，是舒适待客的首选。
鲜艳的花边给餐桌增添了色彩。

设计 / 冈本启子　制作 / 松冈和永
使用毛线 / DARUMA 蕾丝线 #40
钩织方法 / 第 89 页

30

饰边 4 种

创意不同、用途不同的蕾丝饰边，不只是桌布周边，而且是T恤、布包等周边的点睛之笔。

设计 / 本间先子
使用毛线 / DARUMA 蕾丝线 #30
DARUMA 金银丝蕾丝线 #30
DARUMA 绢丝蕾丝线 #30
钩织方法 / 第 33 页

作品的钩织方法

30

饰边 4 种

作品第 32 页

[准备材料]

线…DARUMA 绢丝蕾丝线 #30 a 灰紫色（12）、c 浅粉色（14）DARUMA 金银丝蕾丝线 #30 b 棕色（5）

DARUMA 蕾丝线 #30 d 驼色（3）、e 本白色（2）

针…蕾丝针 2 号

[钩织方法顺序]

饰边 a、d

钩织所需尺寸的锁针起针，钩织 3 针锁针的立针，挑起锁针的里山钩织 2 针锁针和长针的方格针。第 2 行开始把上一行的锁针成束挑起钩织。

饰边 b

往返钩织。

钩织 13 针锁针起针，线圈是钩织 10 针锁针，长长针是挑起锁针的里山开始钩织。第 2 行开始，除端头针目外，将上一行的锁针成束挑起钩织。钩织必要的尺寸后，重新接线，将线圈成束挑起钩织菠萝花。

饰边 c

斜向钩织。

钩织 10 针锁针起针，钩织 3 针锁针的立针，钩织必要的尺寸后，进行边缘编织。边缘编织是成束挑起锁针、长针，钩织短针和 3 针锁针的狗牙拉针。

饰边 e

斜向钩织。

钩织 8 针锁针起针，钩织 3 针锁针的立针，钩织长针和锁针，钩织 1 针长针和 1 针锁针的方格针，成束挑起上一行的锁针钩织长针。钩织必要的尺寸后，进行边缘编织，边缘编织方法同饰边 c。

a 、d

b

c

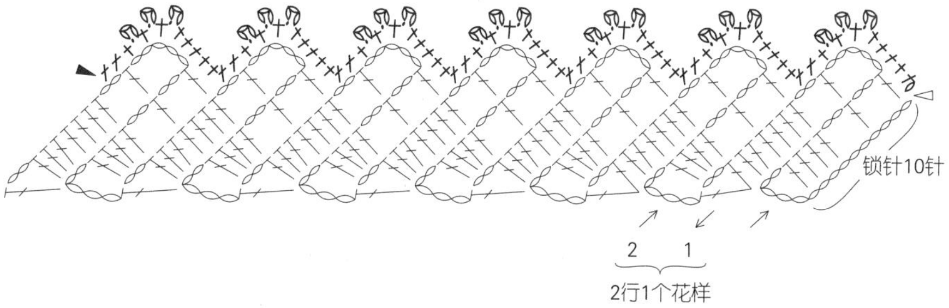

e

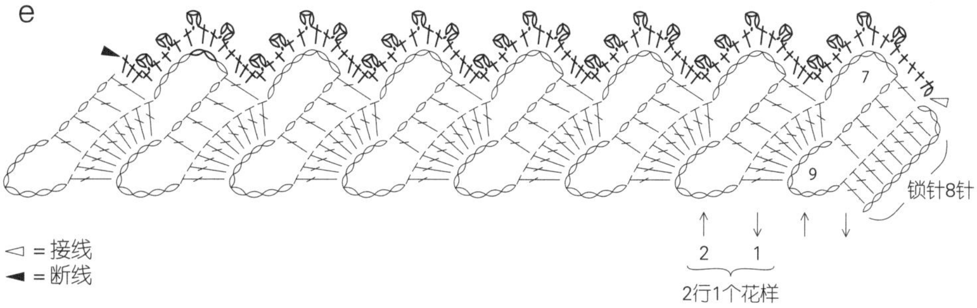

◁ = 接线
◀ = 断线

1

花片连接的披肩领

作品第 4 页

[准备材料] 线…DARUMA 蕾丝线 #30 灰白色（15）90g /4 团

针…蕾丝针 2 号

[成品尺寸] 下摆 126cm、长 20cm

[密度] 花片 A 直径 9cm

[钩织方法顺序] 先将花片 A 按照 1~28 的顺序钩织连接。

1. 花片 A 在中心钩织 6 针锁针起针，钩织第 1~8 圈。

2. 从第 2 枚开始，在第 8 圈不拔出针，从被连接花片的反面入针，用短针或长针连接。花片连接方法参照第 91 页。

3. 如图所示钩织连接 28 枚后，空间用花片 B 填充。

4. 花片 B 在中心钩织 5 针锁针起针，环形钩织，连接方法与花片 A 的要领相同。

5. 领、下摆是从披肩的本体开始如图所示挑针钩织。

6. 将线绳穿过领后完成。

披肩领（花片连接）

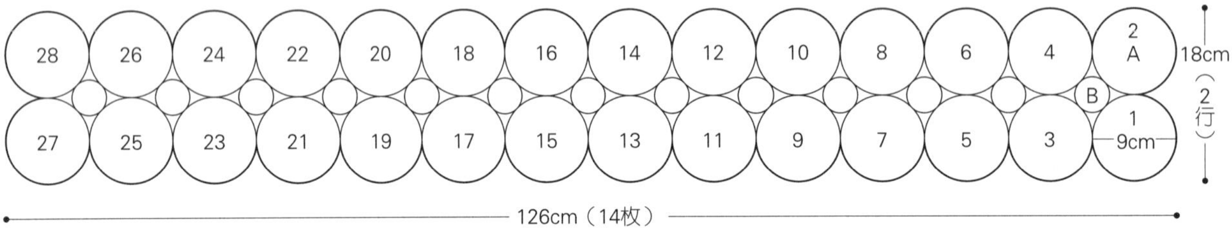

※花片A按照1~28的顺序钩织连接，
花片B是一边填充空间一边钩织

领、下摆（网格编织）

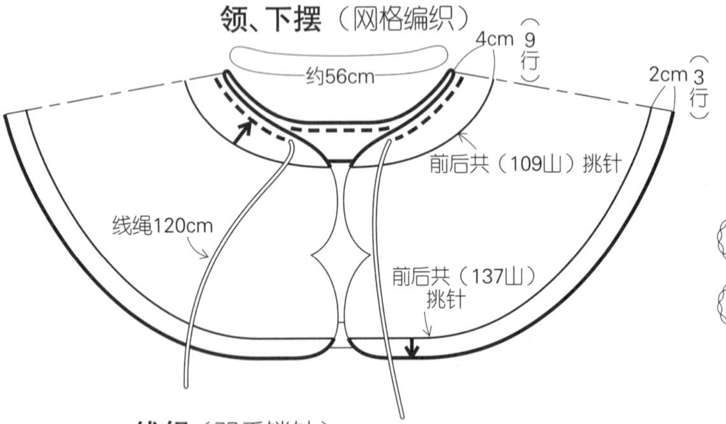

花片A

线绳（双重锁针）

双重锁针

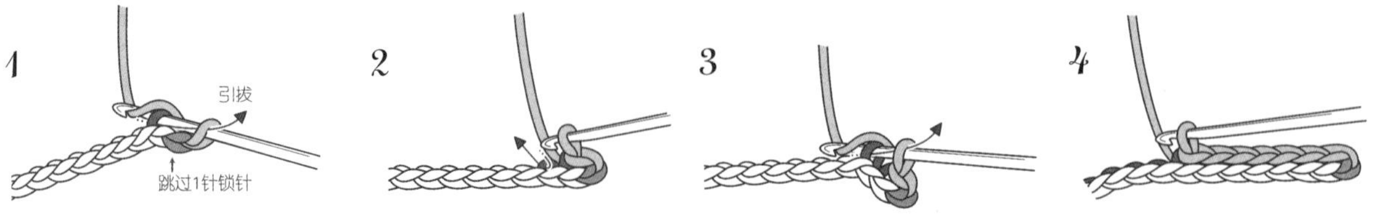

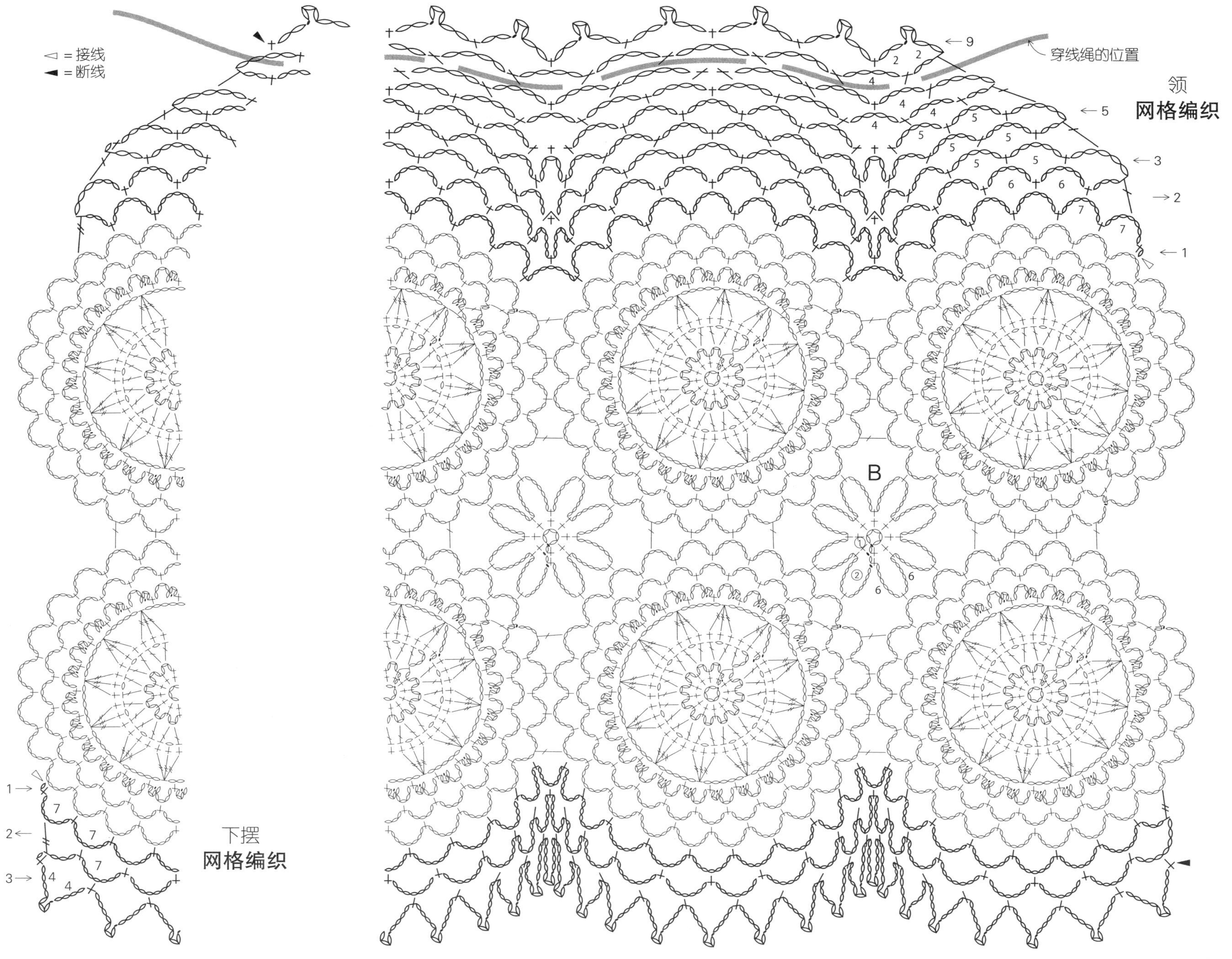

◁ = 接线
◀ = 断线
穿线绳的位置
领
网格编织
下摆
网格编织
B

2

花片连接的披肩

作品第 5 页

[准备材料] 线…DARUMA 蕾丝线 #30 驼色（3）140g/6 团、本白色（2）30g/2 团

针…蕾丝针 2 号

[成品尺寸] 约宽 48cm、长 136cm

[密度] 花片 A、B 直径 8cm

[钩织方法顺序] 花片 A 中心的锁针和第 1~6 圈用本白色线，花片 B 只有第 6 圈用本白色线，其他用驼色线钩织。

花片 A、B 按 1~119 的顺序交错钩织连接。

1. 花片 A 在中心钩织 6 针锁针，做成圆环起针后开始钩织。第 1 圈是把锁针成束挑起钩织 [1 针短针、5 针锁针]。第 2 圈是把第一圈放到内侧，和第 1 圈同样把锁针成束挑起钩织 [1 针短针、5 针锁针]。钩织第 3、4 圈。

2. 第 5、6 圈是交错钩织 [1 针短针、7 针锁针]，如图所示使其交叉。

3. 从第 2 枚开始，在最后一圈如图所示位置拔出针连接。

4. 调整形状后完成。

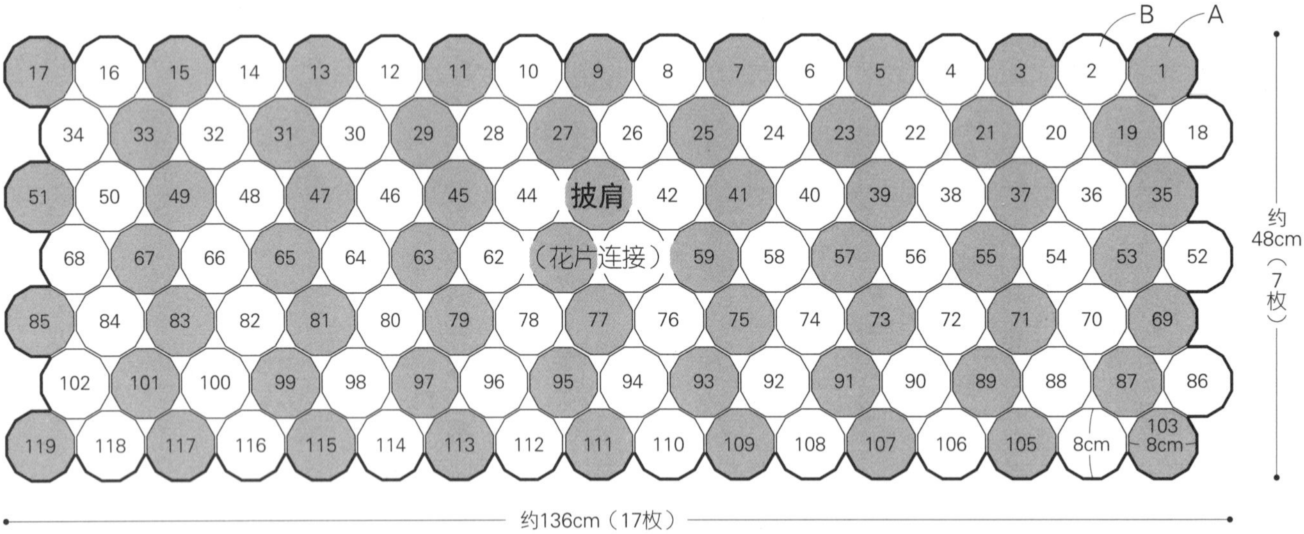

※花片按1~119的顺序钩织连接

花片A

◁ = 接线
◀ = 断线

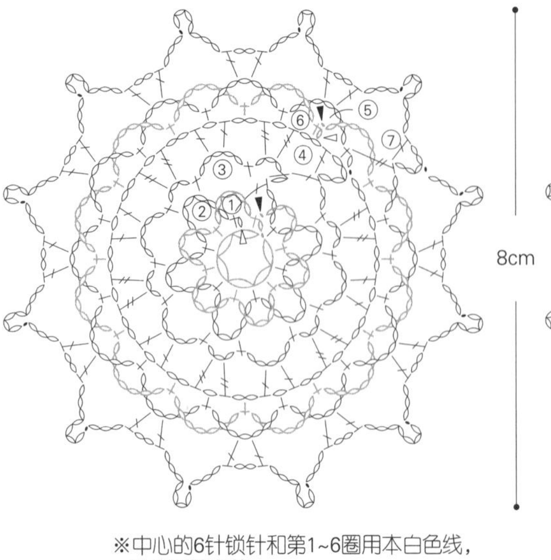

※中心的6针锁针和第1~6圈用本白色线，其他用驼色线

花片B

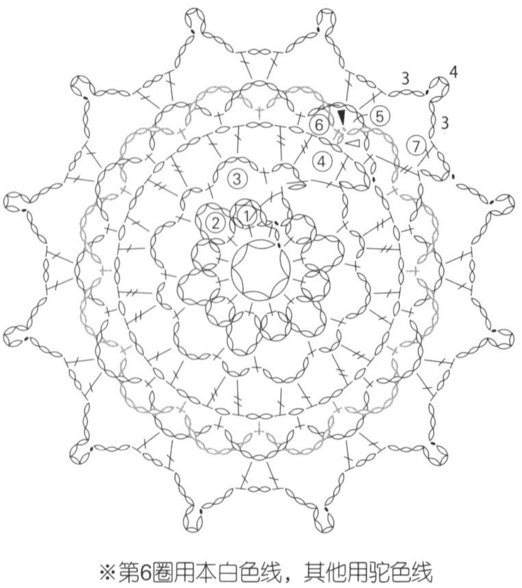

※第6圈用本白色线，其他用驼色线

花片的连接方法

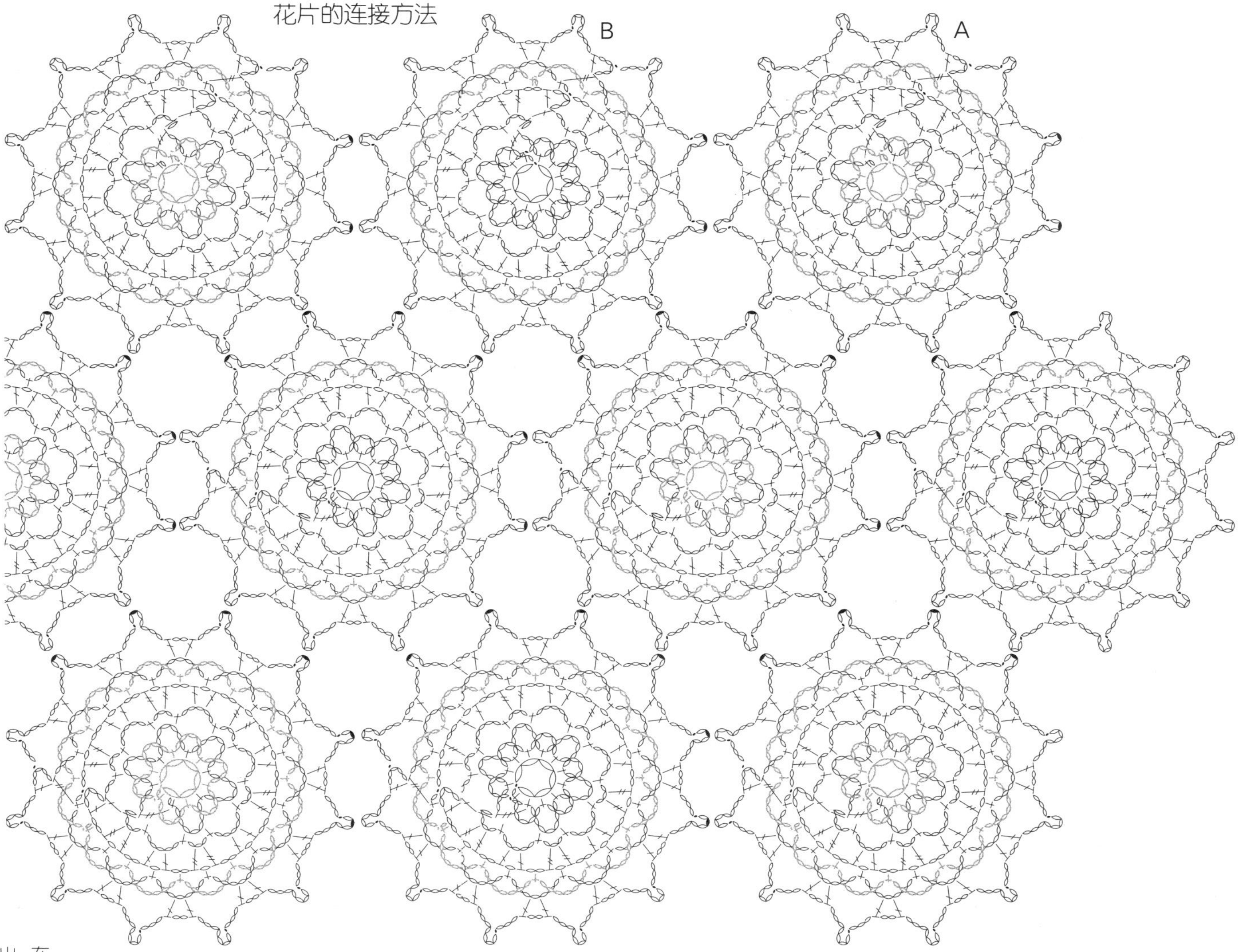

花片的连接方法

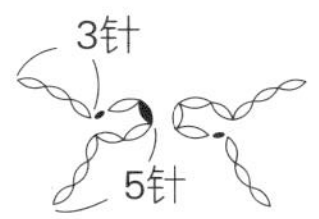

※钩织5针锁针，将针从针目抽出，在被连接环的上方入针，引拔拉出退下的针目，针上挂线，引拔钩织。

接下来，钩织1针锁针，从起针开始的第4针锁针上入针，引拔钩织，钩织3针锁针。

3

无纽扣短马甲

作品第 6 页

[准备材料] 线…DARUMA 金银丝蕾丝线 #30 棕色（5）120g/6 团

针…蕾丝针 2 号

[成品尺寸] 胸围 90cm、背肩宽 32cm、长 40cm

[密度] 10cm×10cm 面积内：花样编织 45 针，14 行

[钩织方法顺序] 花样编织时，第 1 行和端部以外成束挑起锁针钩织。袖窿部分往返钩织，要注意将端线钩织整齐。

1. 后身片钩织 203 针锁针起针，钩织 3 针锁针的立针，挑起锁针的半针和里山开始钩织。袖窿和领窝参照图 1、图 2 钩织。

2. 前身片与后身片用同样要领起针开始钩织，右前身片参照图 3、左前身片参照图 4 钩织。

3. 肩是对照前后身片，半针拼缝。胁部正面相对，用引拔针缝合。

4. 领、前襟、下摆的边缘编织从左肩线的位置开始钩织，环形钩织 5 行。

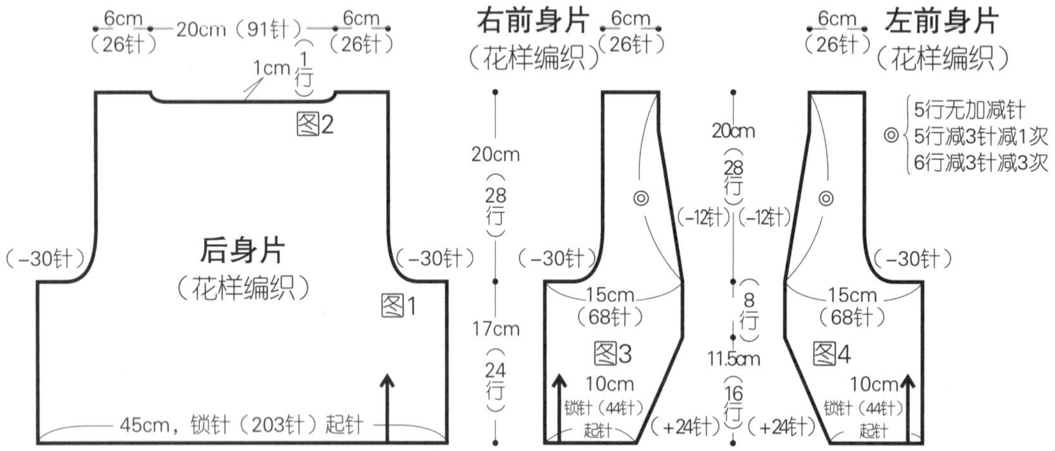

领、前襟、下摆（边缘编织）

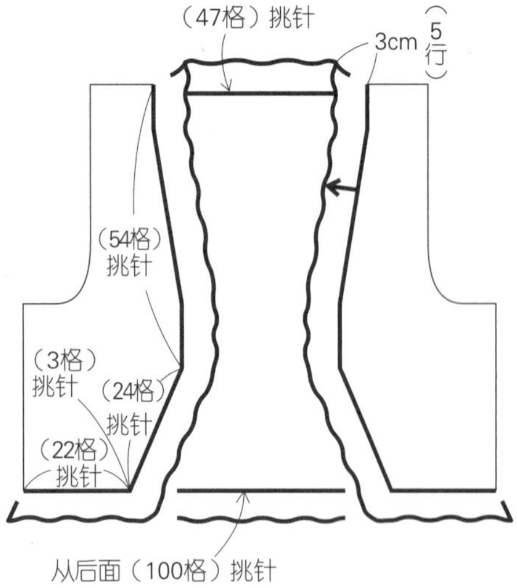

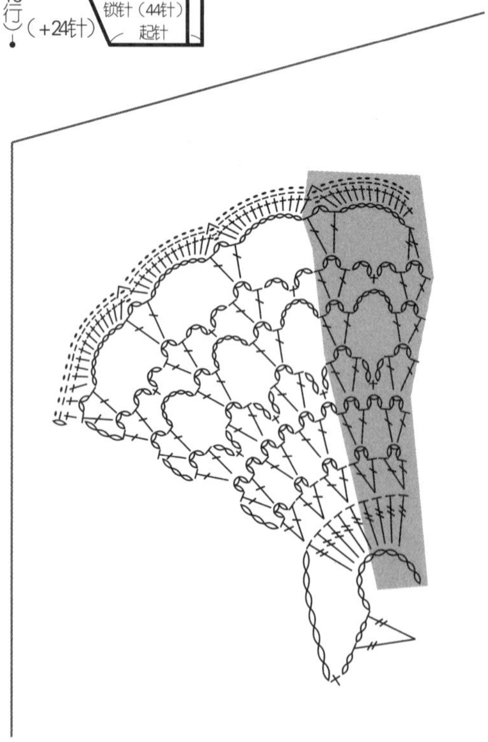

图2 后领窝

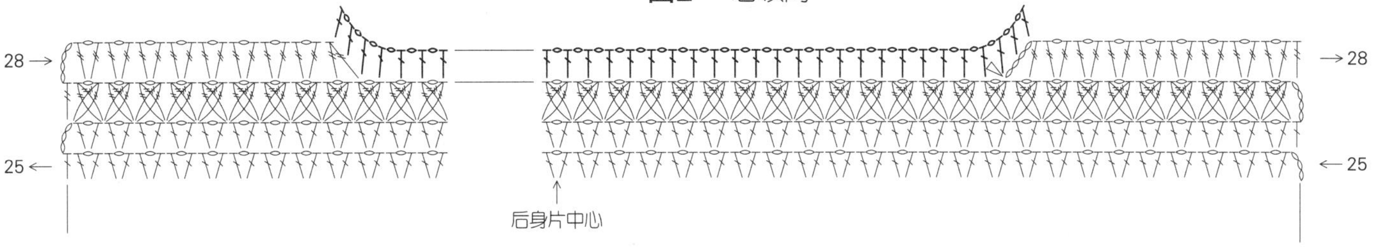

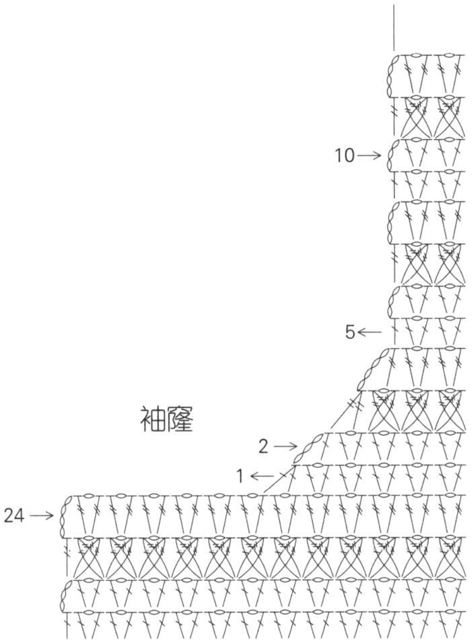

花样编织

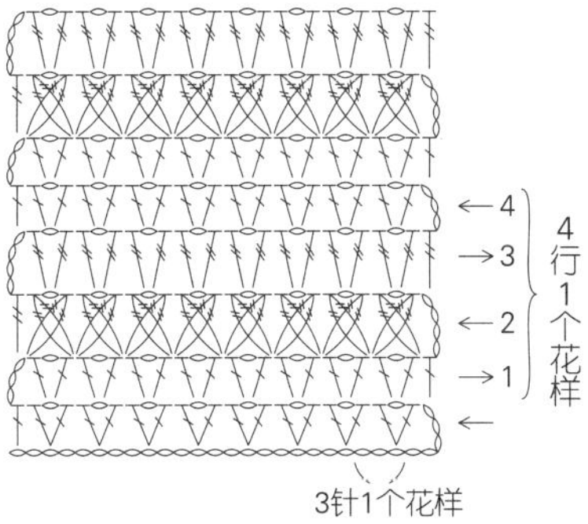

图1

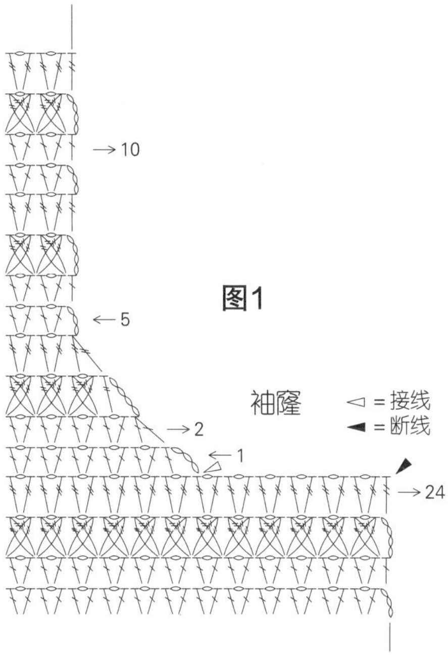

※图3在第40页，图4在第41页

9 ※上接第51页

边缘编织

=重叠部分

3 ※上接第39页

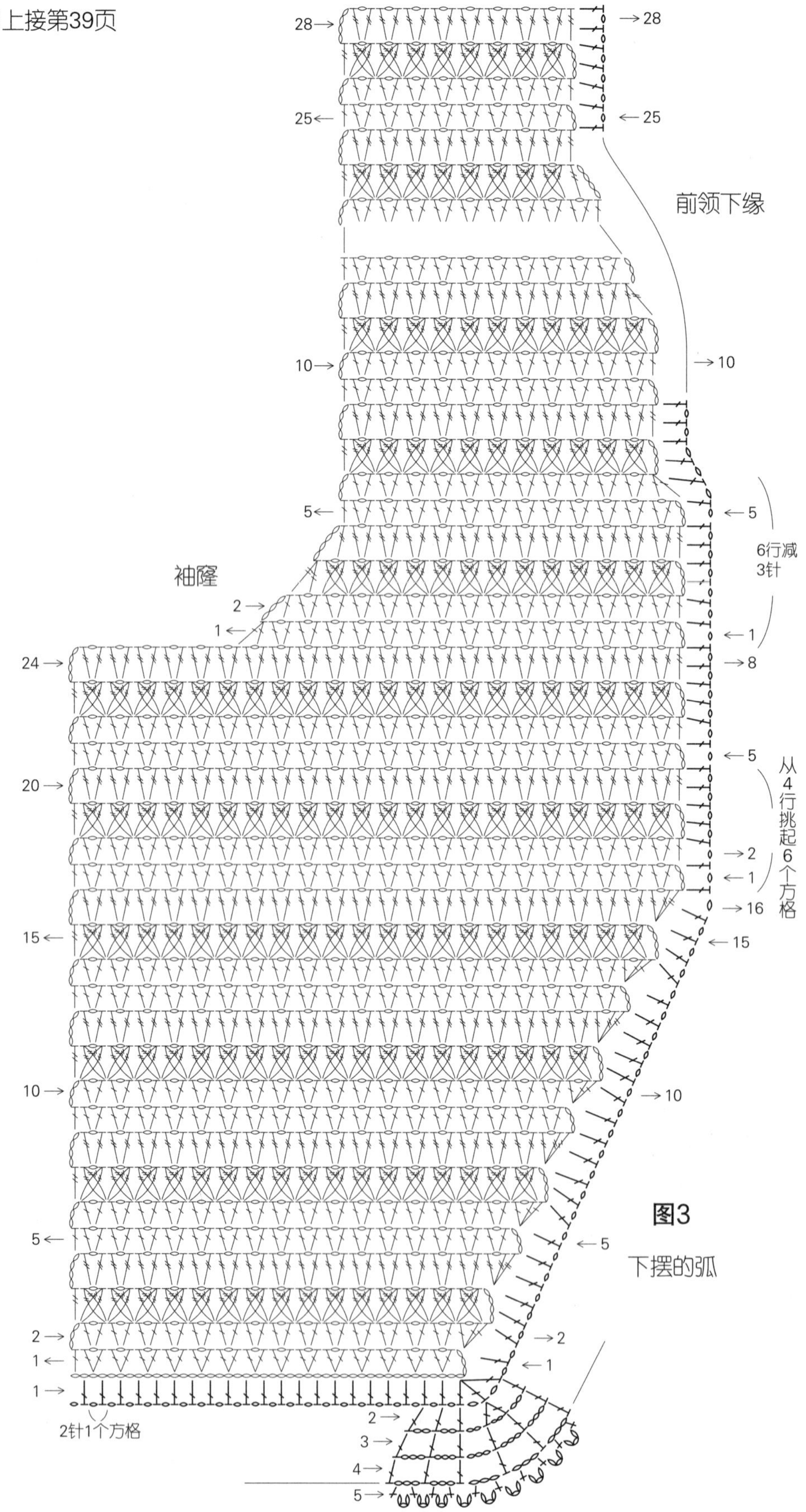

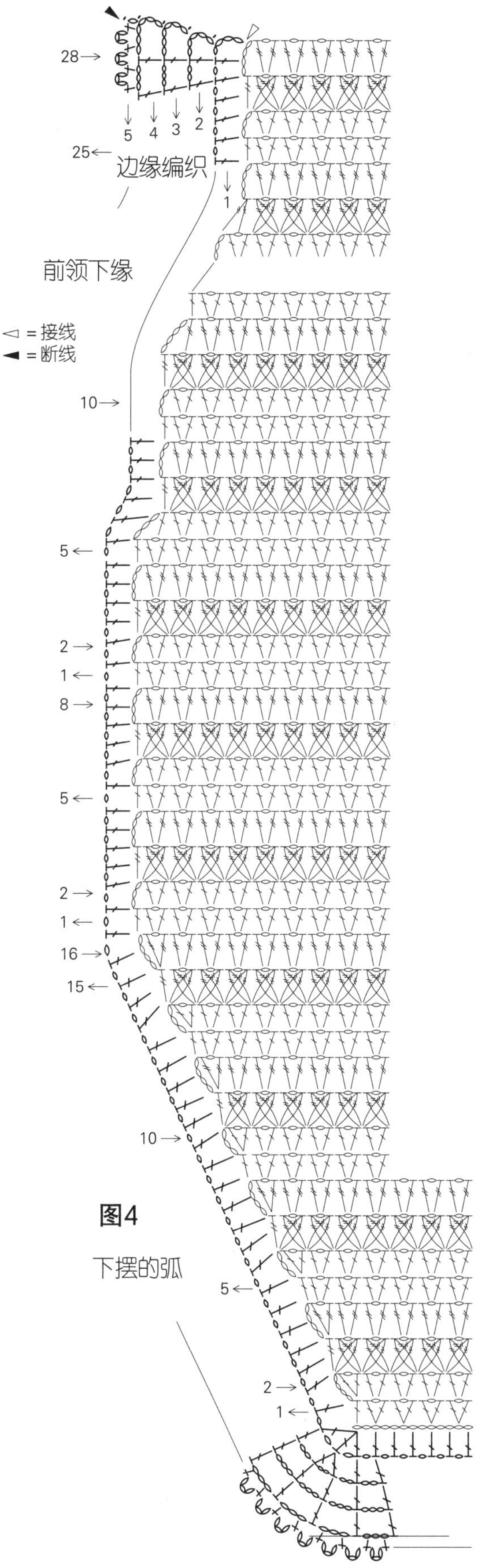

图4

下摆的弧

4 ※上接第42页

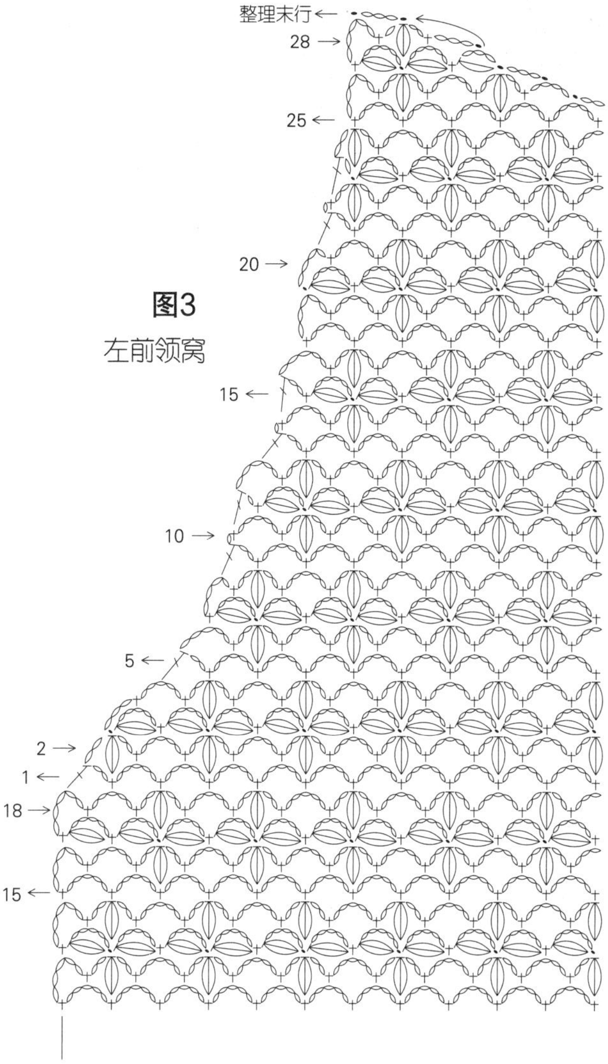

图3

左前领窝

边缘编织

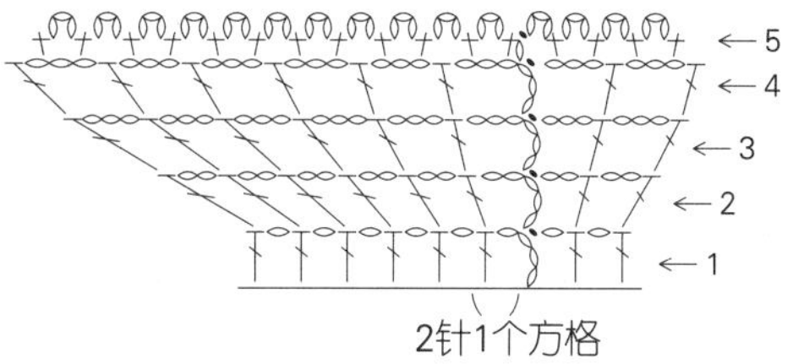

4

无扣短袖衫

作品第 7 页

[准备材料] 线…DARUMA 蕾丝线 #30 紫色（21）170g/7 团

针…蕾丝针 4 号

[成品尺寸] 胸围 92cm、长 41cm、连肩袖长 32 cm

[密度] 10cm × 10cm 面积内：花样编织 5 个花样，19 行

[钩织方法顺序] 袖口止位、领开口止位处做线记号备用。

1. 后身片钩织 185 针锁针起针，钩织 1 针锁针的立针，挑起锁针的半针和里山开始钩织，往返钩织胁部 30 行。右侧袖口和肩斜线参照图 1、左侧参照图 2 钩织。

2. 前身片用后身片同样要领起针开始钩织，右前身片参照图 2、左前身片参照图 3 钩织。

3. 前后身片正面相对，肩部用短针的锁针缝合，胁部用锁针缝合。

4. 下摆边缘编织 a 钩织 3 行，前门襟和领口往返钩织、袖口环形钩织边缘编织 b 各 3 行。

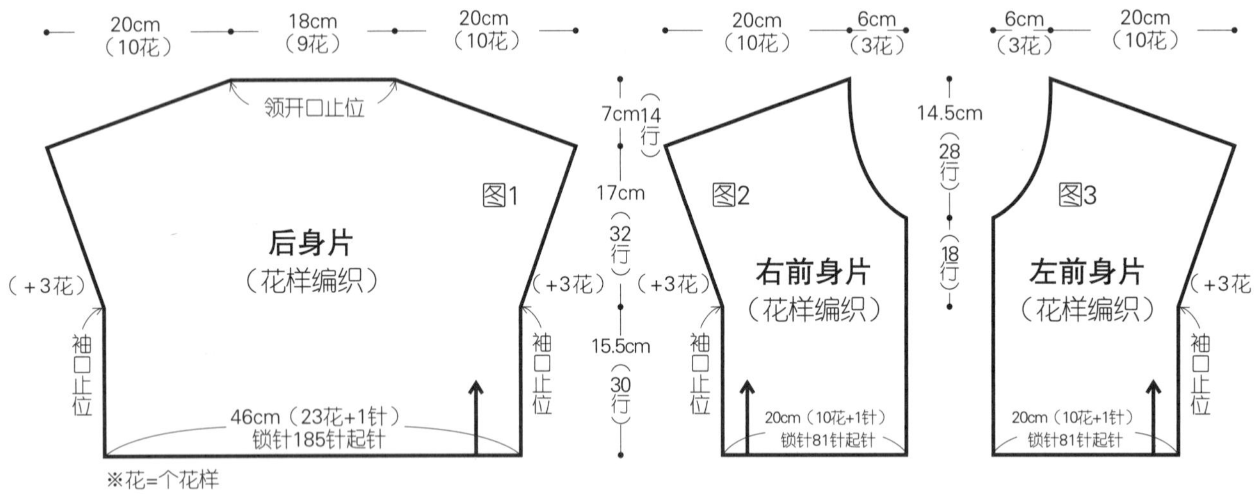

※图2在第44页，图3在第41页

下摆（边缘编织a）、前门襟、领、袖口（边缘编织b）

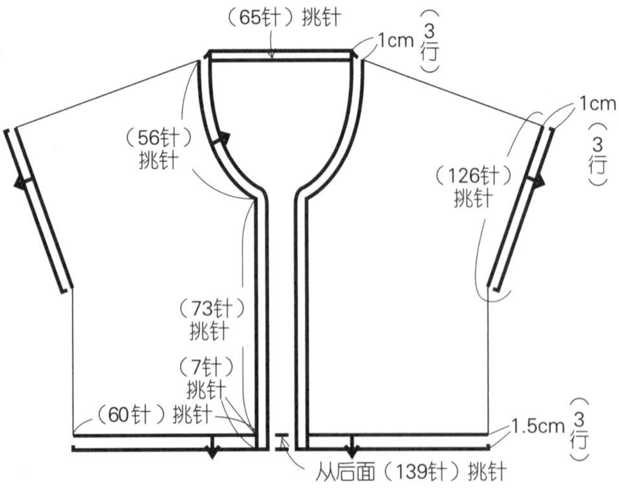

边缘编织a（下摆）

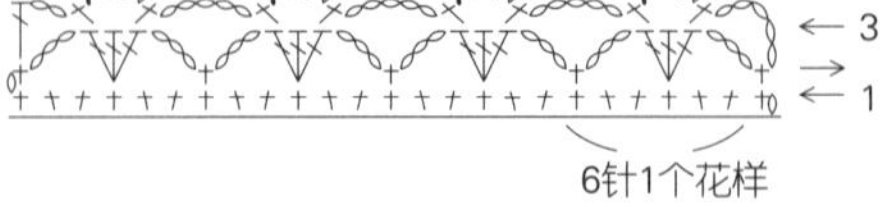

※第3行的短针在上一行长针的针目和针目之间入针钩织

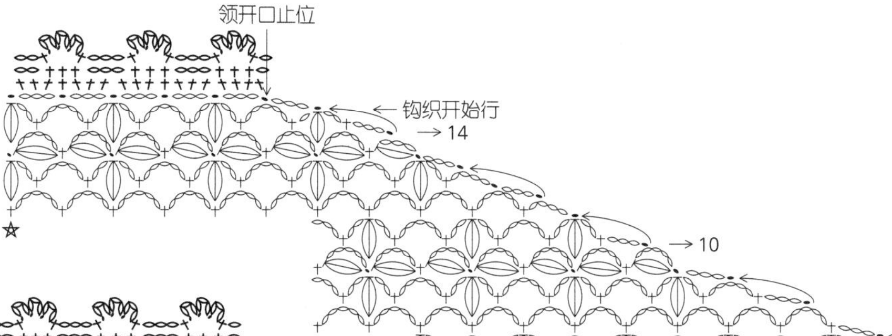
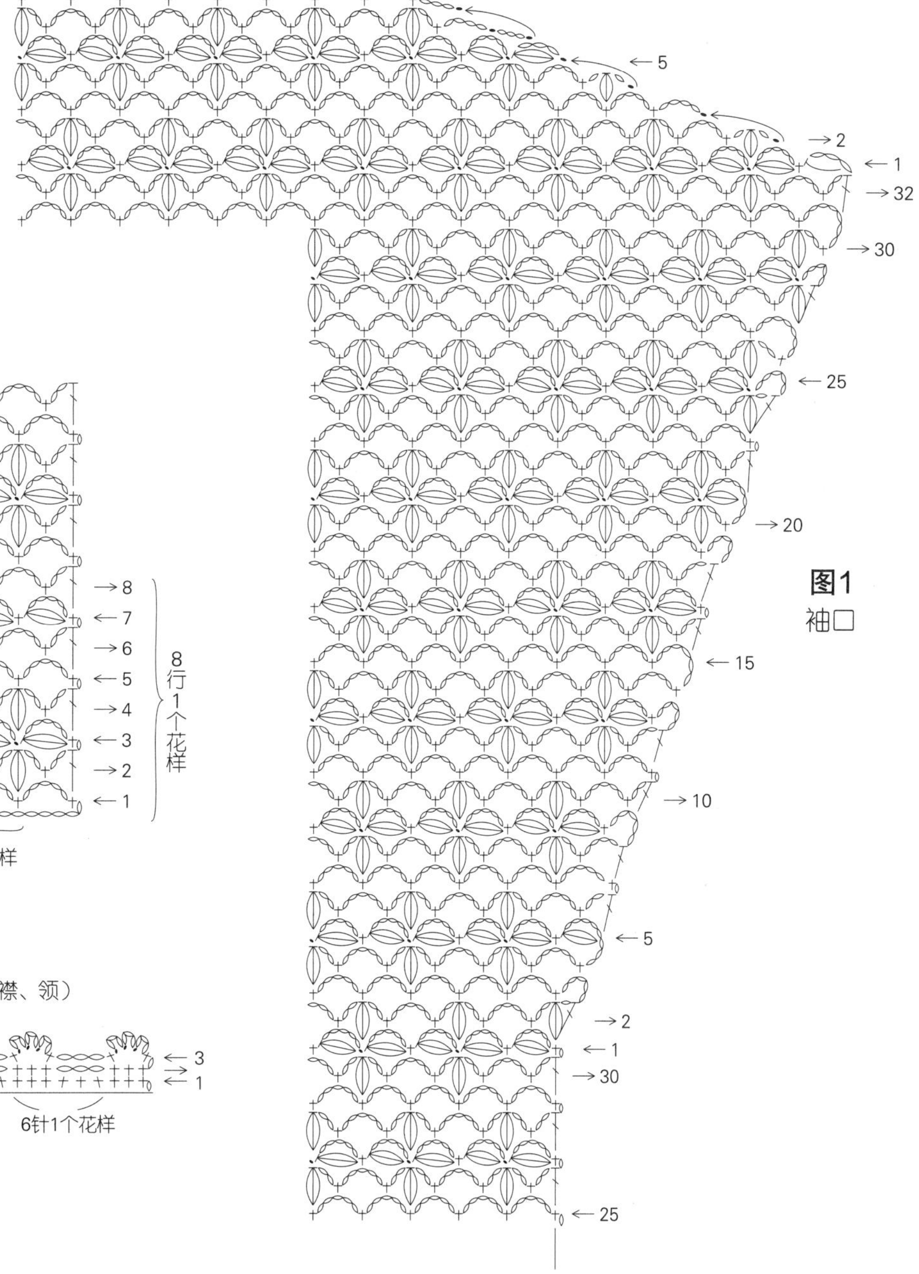

图1
袖口

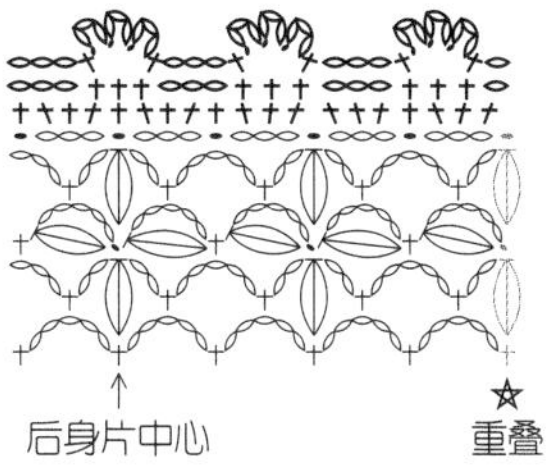

花样编织

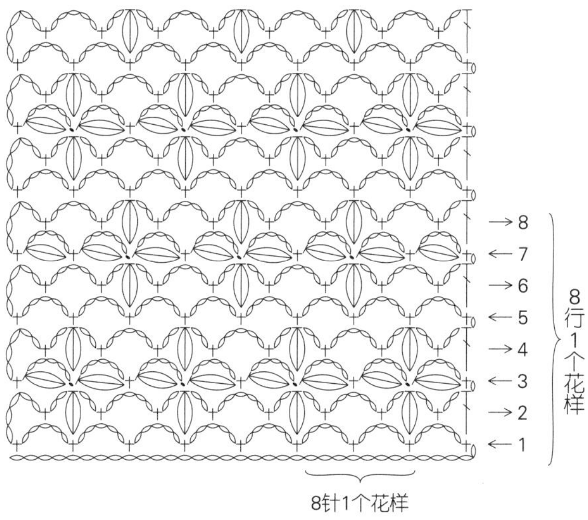

边缘编织b（前门襟、领）

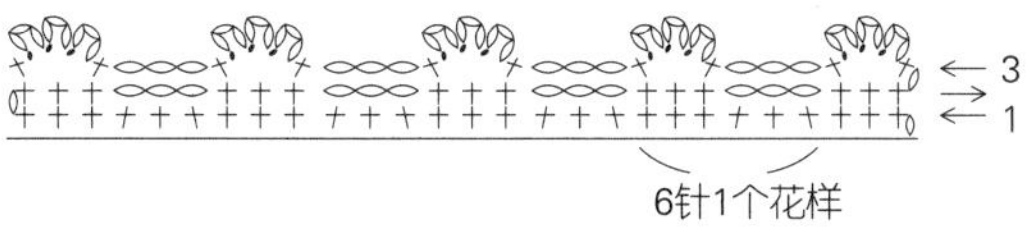

4 ※上接第42页

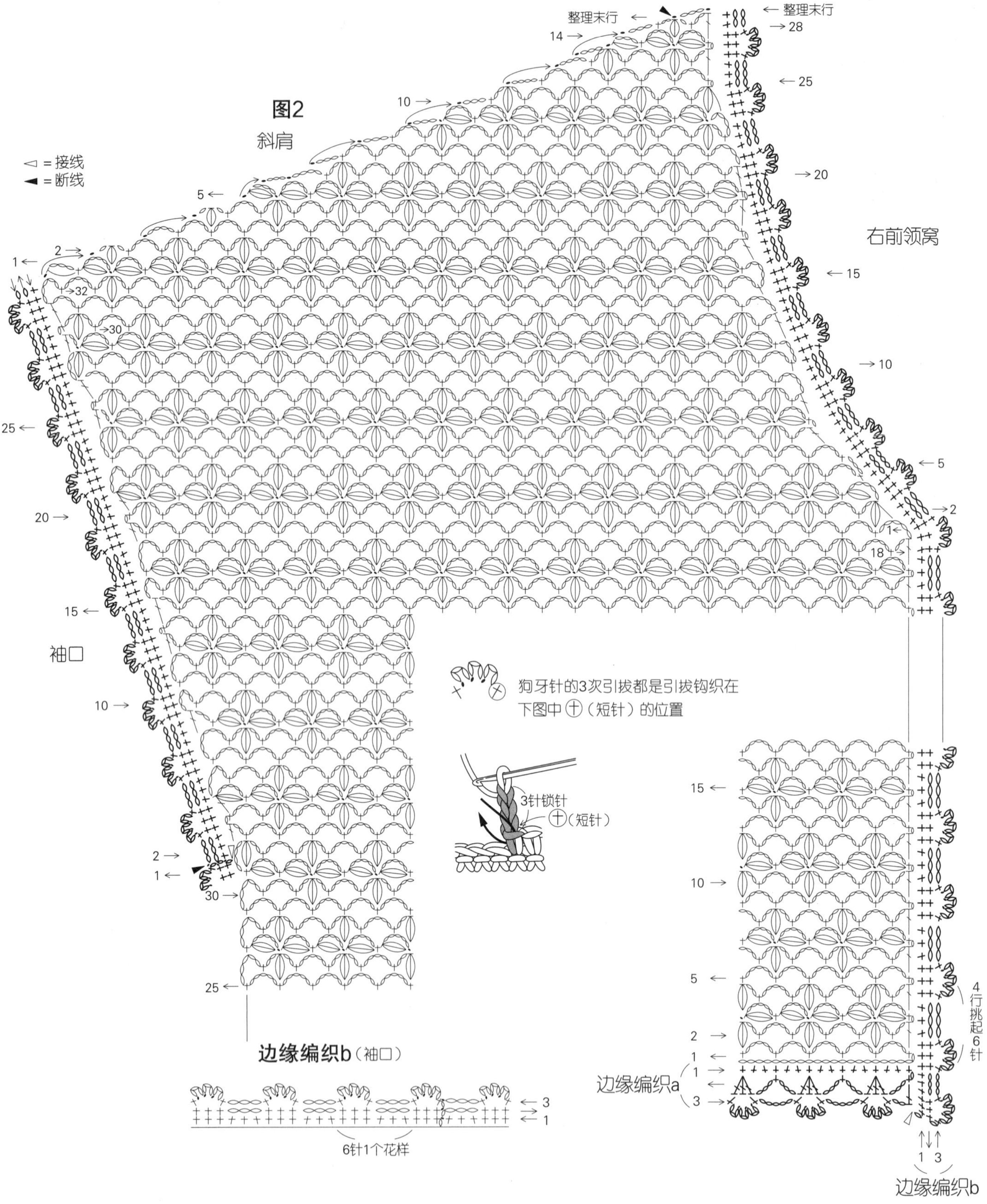
图2
斜肩
◁ = 接线
◀ = 断线
整理末行
14
10
5
2
1
32
30
25
20
15
10
2
1
30
25
袖口
整理末行
28
25
20
右前领窝
15
10
5
2
1
18
狗牙针的3次引拔都是引拔钩织在
下图中 ⊕（短针）的位置
3针锁针
⊕（短针）
15
10
5
2
1
边缘编织a
1
3
4行挑起6针
1 3
边缘编织b
边缘编织b（袖口）
3
1
6针1个花样

6

褶边亚麻装饰围巾

作品第 9 页

[准备材料] 线…DARUMA 亚麻蕾丝线 #30 驼色（3）80g/4 团

针…蕾丝针 4 号

[成品尺寸] 宽 6cm、长 160cm

[钩织方法顺序]

1. 钩织 558 针锁针起针，钩织 3 针锁针的立针，第 1 行挑起锁针的里山钩织长针，第 2 行进行 2 针锁针的方格编织。

2. 花样编织第 1 行是间隔 1 个方格、第 5 行是间隔 2 个网格、第 8 行是间隔 1 个网格，加针 [5 针锁针和 1 针短针] 的网格编织。

3. 花样编织的部分自然卷曲。

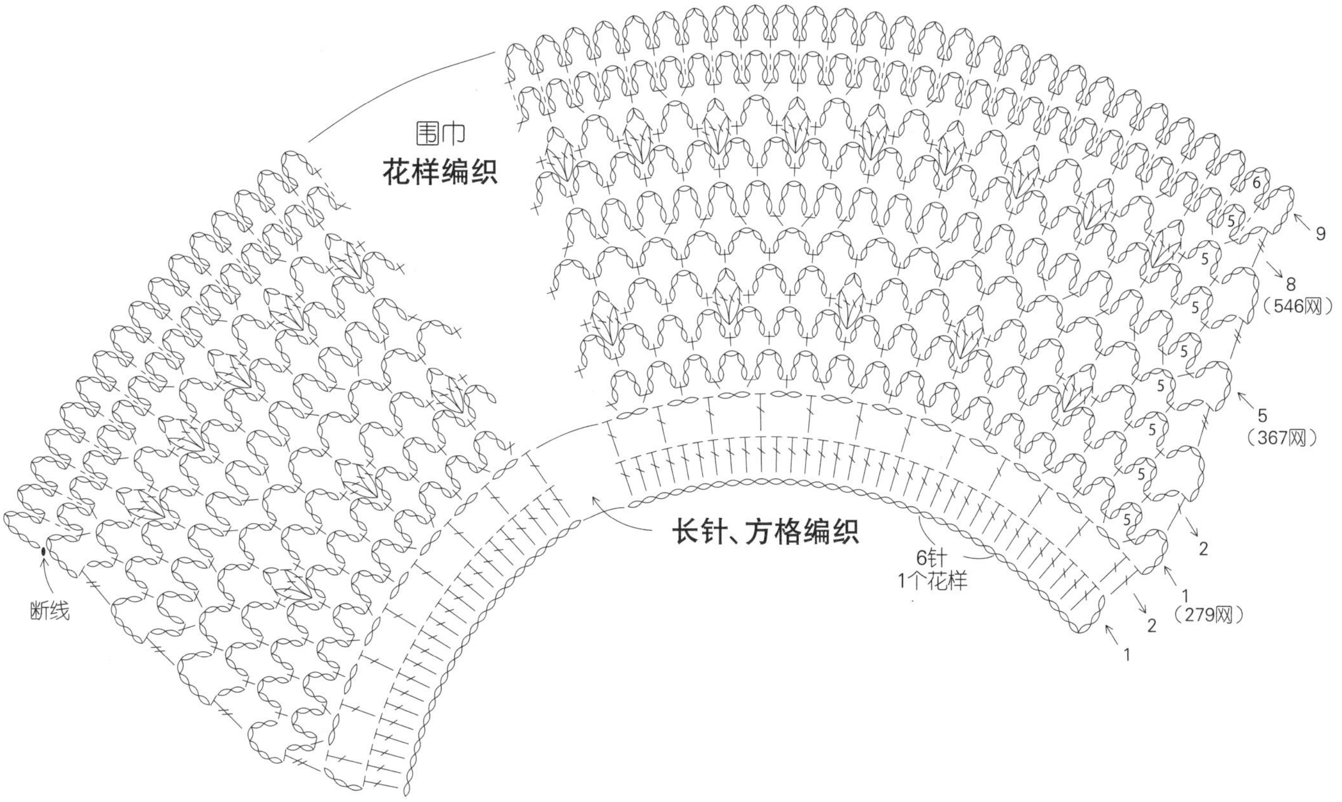

5

立体花饰亚麻女帽

作品第 8 页

[准备材料] 线…DARUMA 亚麻蕾丝线 #30 茶色（10）80g/4 团、沙米色（9）10g/ 团

针…蕾丝针 2 号，钩针 2/0 号

[成品尺寸] 头围 52cm、深 22cm

[密度] 10cm × 10cm 面积内：花样编织 24 针，15 行

[钩织方法顺序]

1. 帽子顶部是从中心的圆环起针开始钩织，到第 10 行时参照加针方法表加针钩织至 162 针。

2. 侧面是在第 1 行加针钩织 198 针，无加减针钩织至第 13 圈。

3. 帽檐的第 1 行，对上一行通过 18 次跳过 4 针长针、减掉 72 针，钩织 126 针短针。第 2 行同样钩织 126 针，第 3 行通过 18 次加 2 针钩织 162 针。

4. 花片的花 A、花 B、叶 a、叶 b 参照编织图钩织必要的枚数，不影响正面地缝在指定位置。

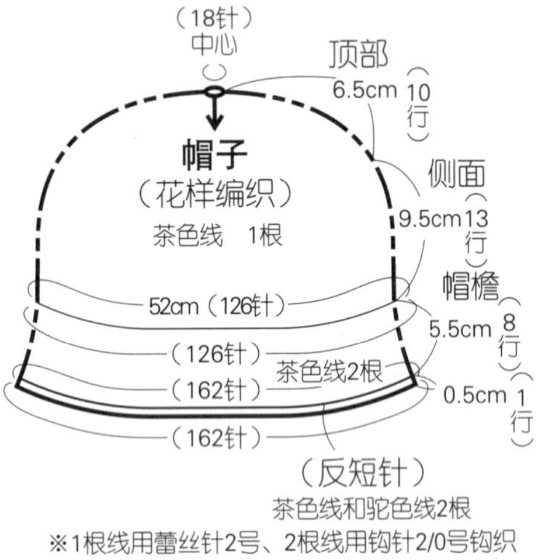

花片的缝合位置

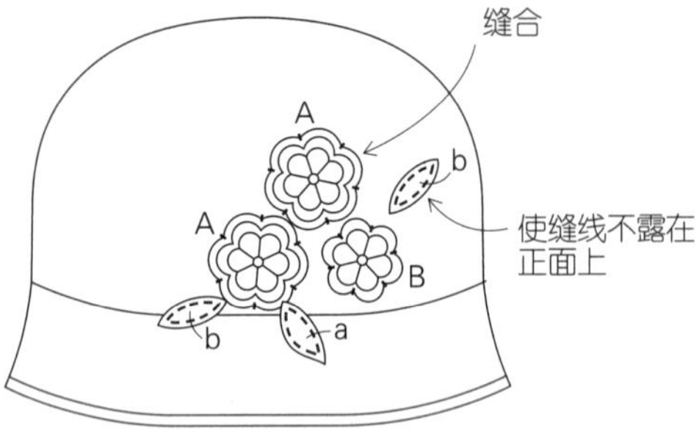

花片

花 A 2枚 茶色线1根 蕾丝针2号

花 B 1枚 驼色线1根 蕾丝针2号

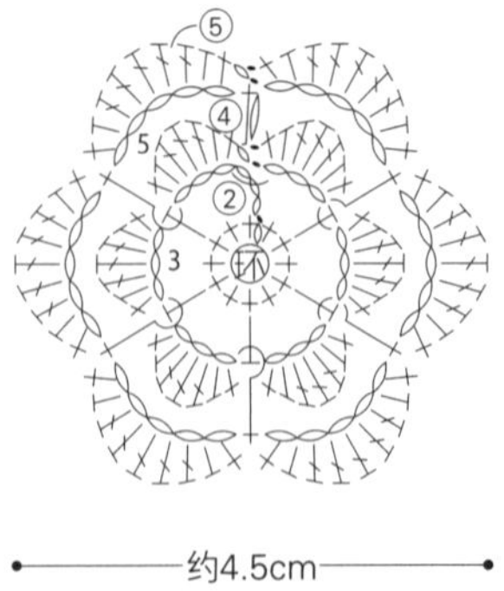

叶a 1枚

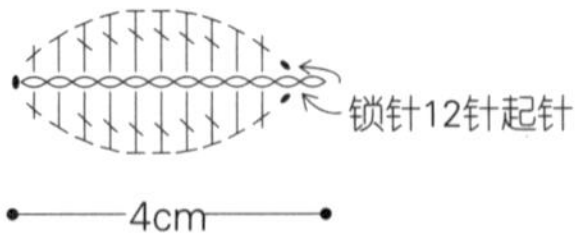

叶b 2枚

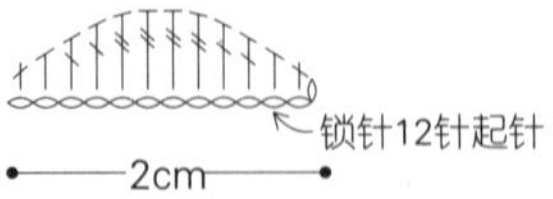

茶色线和驼色线2根
钩针2/0号

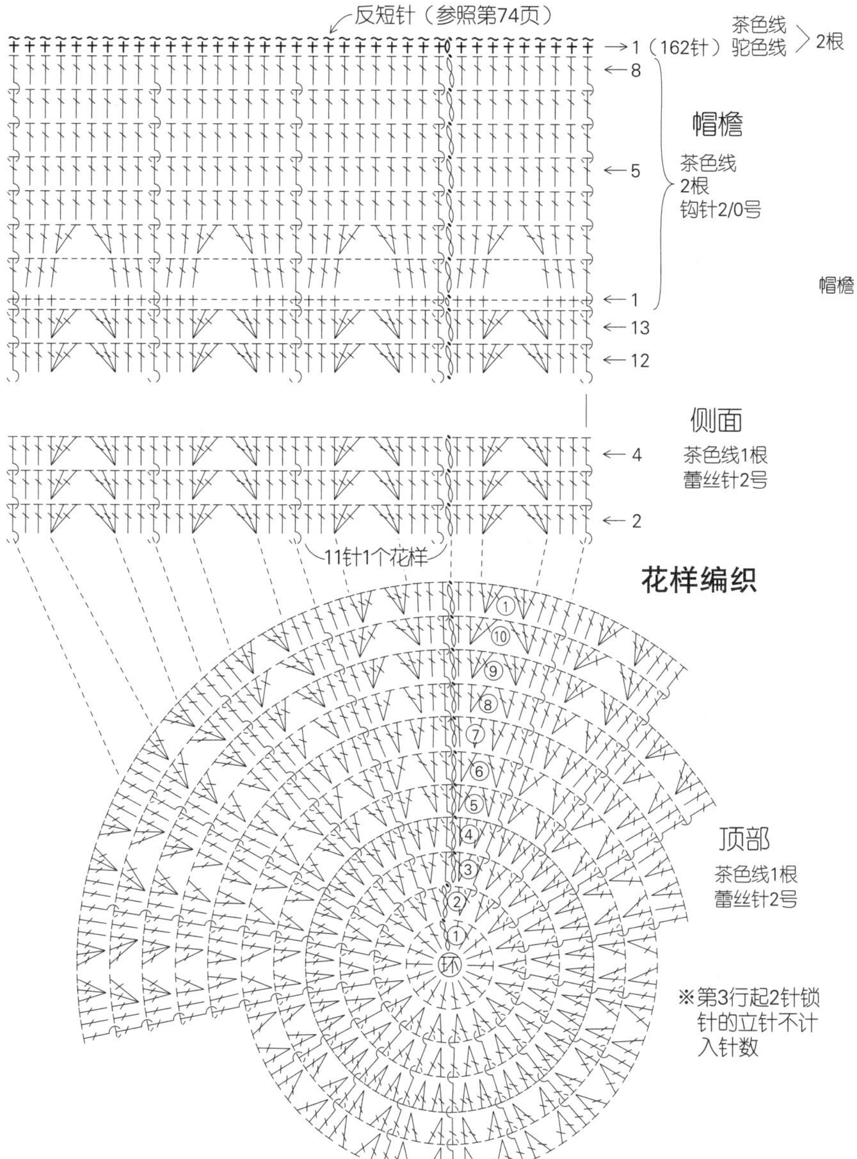

减针、加针方法

	行	针数	
帽檐	8～4	162针	
	3	162针	（+36针）
	2	126针	
	第1行	126针	（-72针）

加针方法

	行	针数	
侧面	13～2	198针	
	1	198针	（+36针）
顶部	10	162针	
	9	162针	（+36针）
	8	126针	
	7	126针	（+36针）
	6、5	90针	
	4	90针	（+36针）
	3	54针	（+18针）
	2	36针	（+18针）
	第1行	18针	
	圆环起针		

7

假领

作品第 10 页

[准备材料] 线…DARUMA 蕾丝线 #30 驼色（16）50g/2 团

配件…直径 12mm 的纽扣 1 颗

针…蕾丝针 4 号

[成品尺寸] 领宽 12.2cm、领口长 55cm

[钩织方法顺序]

1. 假领钩织 253 针锁针起针，钩织 1 针锁针的立针，挑起锁针的半针和里山开始钩织。

2. 一直钩织 42 网到第 6 行，第 7 行加入花样，将 2 网增加到 3 网钩织 64 网到第 8 行。

3. 一直钩织 64 网到第 13 行，第 14 行加入花样，将 4 网增加到 5 网钩织 80 网到第 15 行。

4. 边缘编织 a 接着花样编织的第 20 行开始钩织第 1 行，接着钩织边缘编织 b 的第 1 行。接着往返钩织边缘编织 b 的第 2、3 行，再钩织边缘编织 a 的第 2 行。

5. 纽扣缝合到指定位置，利用花样孔做扣眼。

※ 下接第 48 页

7 ※上接第47页

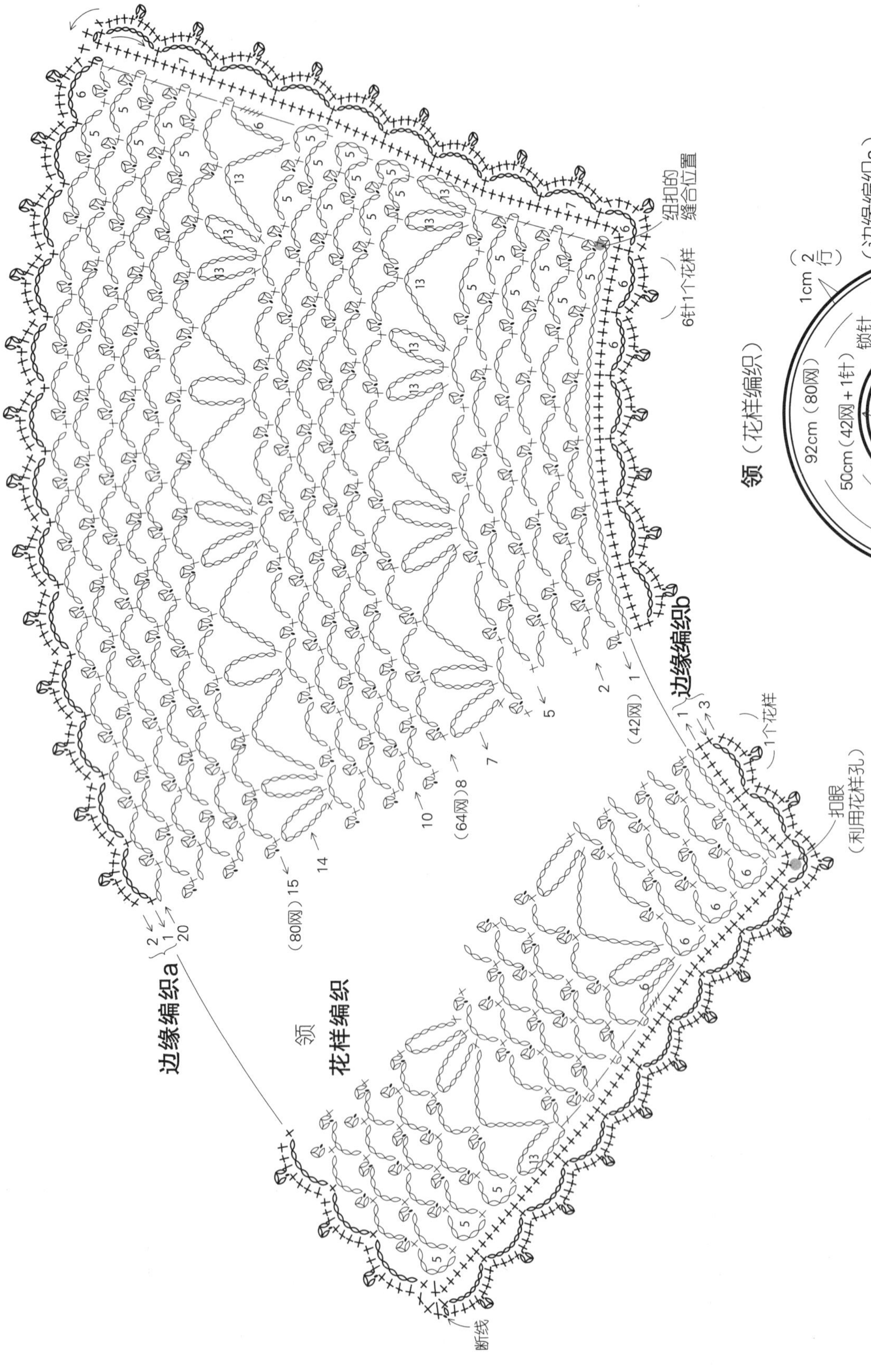

纽扣的缝合位置
6针1个花样
边缘编织b
(42网)
1个花样
扣眼（利用花样孔）
(64网) 8
(80网) 15
边缘编织a
领
花样编织
断线

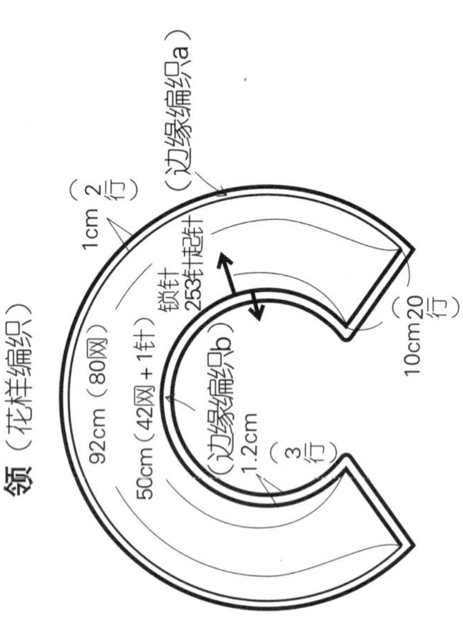

领（花样编织）
1cm（2行）
92cm（80网）
50cm（42网+1针）
锁针253针起针
(边缘编织a)
(边缘编织b)
1.2cm（3行）
10cm（20行）

8 ※上接第50页

花片
2枚
断线
钩织开始
※锁针的引拔针在同一针目引拔
花样编织
断线
1个花样
麻花绳的缝合位置
6针1个花样
锁针（200针，33个花样+2针）起针

8

迷你披肩领

作品第 11 页

[准备材料] 线…DARUMA 绢丝蕾丝线 #30 粉驼色（9）60g/3 团

针…蕾丝针 2 号

[成品尺寸] 下摆 141cm、长 21cm

[钩织方法顺序]

1. 领窝钩织锁针 200 针起针，钩织 2 针锁针的立针，挑起锁针的半针和里山开始钩织，钩织 33 个花样。
2. 参照编织图均等地加针钩织，一直钩织到第 27 行。
3. 花样编织的第 28 行往返钩织 3 行完成 1 个花样，继续钩织花样完成此行。
4. 边缘编织是从花样编织的第 28 行开始钩织，按右前端、领窝、左前端顺序钩织 1 行。
5. 麻花绳是在左右指定位置加线钩织 30cm 长。
6. 钩织花片缝合到麻花绳的前端。
7. 调整形状后完成。

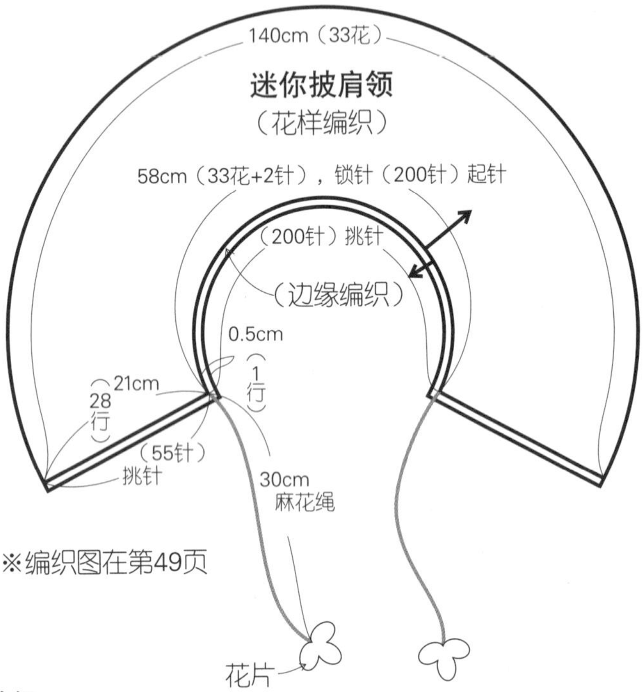

※编织图在第49页

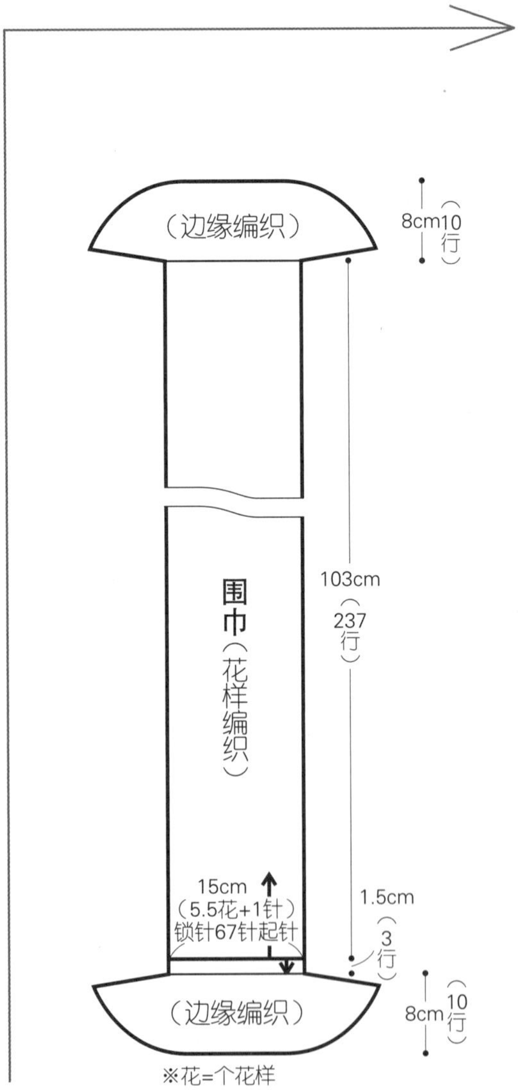

麻花绳

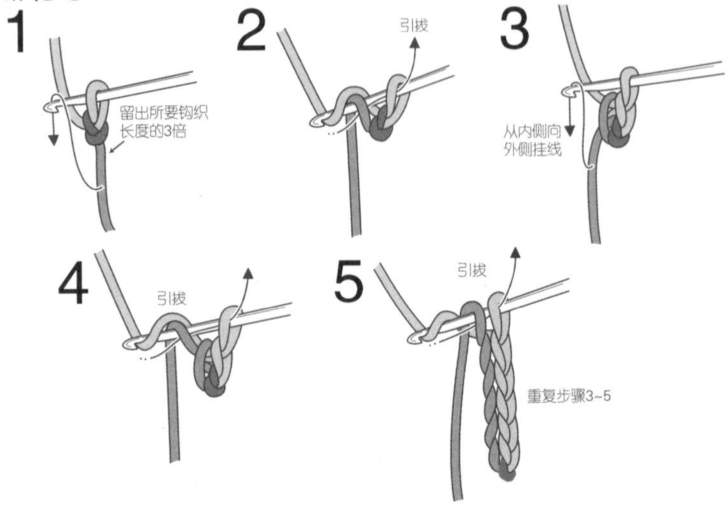

9

松叶针长围巾

作品第 12 页

[准备材料] 线…DARUMA 蕾丝线 #30 浅粉色（17）80g/4 团

针…蕾丝针 2 号

[成品尺寸] 宽 15cm、长 103cm、边缘编织长 8cm

[密度] 10cm×10cm 面积内：花样编织 3.5 个花样，23 行

[钩织方法顺序] 花样编织的第 5 行和第 9 行的短针是成束挑起上一行和上上行的锁针进行钩织的。

1. 在花样编织切换位置钩织锁针 67 针起针，钩织 3 针锁针的立针，挑起锁针的半针和里山钩织直到第 237 行。

2. 接着进行边缘编织，钩织第 3~6 行的爆米花针时，使凸出的部分朝向正面，要注意入针方法。

3. 边缘编织第 10 行的引拔钩织，从内侧挑起半针钩织，使条纹露在正面。

4. 花样编织开始侧是挑起锁针的剩余的半针进行花样编织 3 行，接着进行边缘编织。

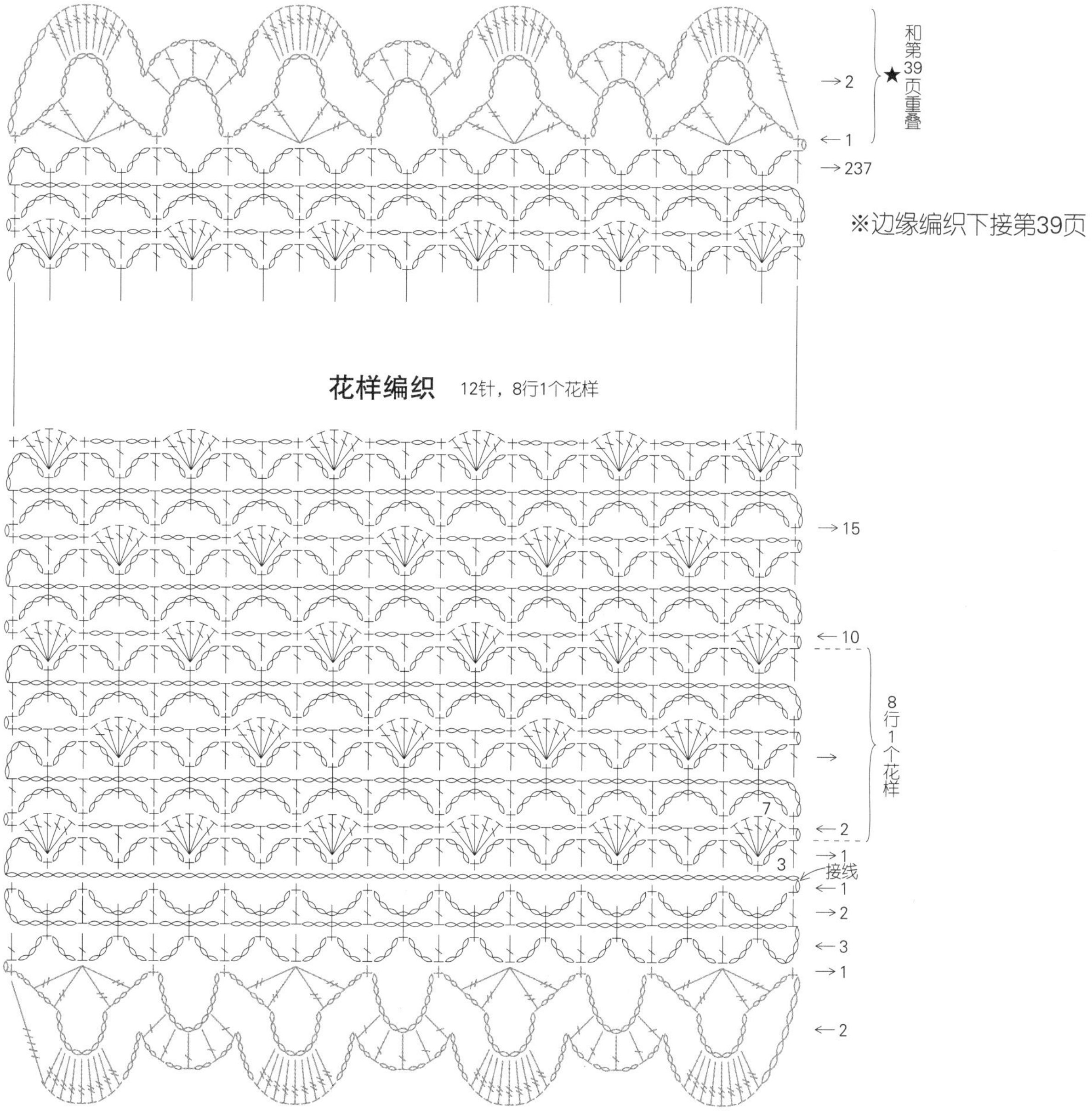

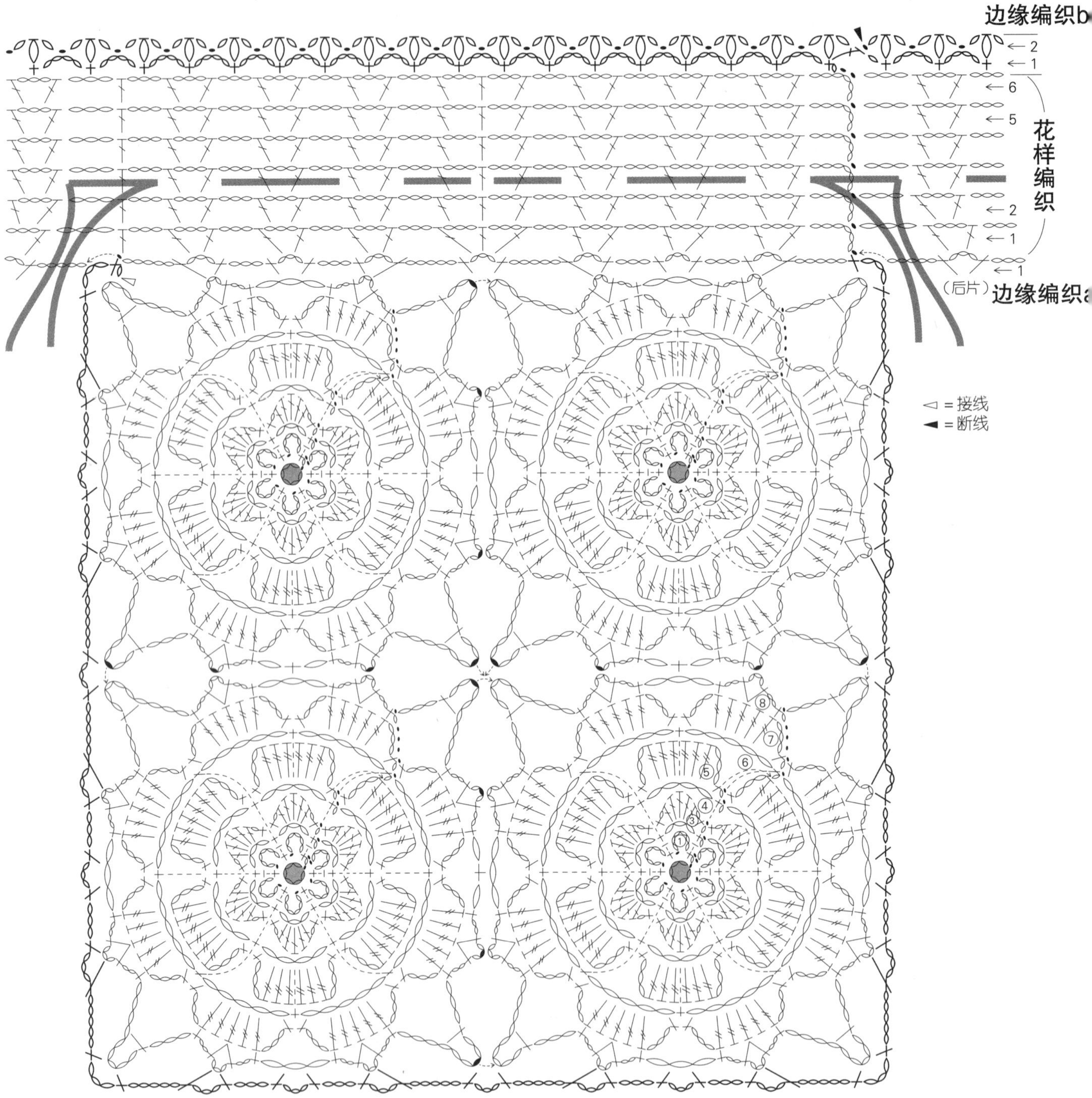

※三边的粗线表示挑起前片和后片2片一起钩织

● = 串珠的缝合位置

※在花片的中心位置缝上串珠

⬬ 引拔钩织缝合连接时，将针从正面插入被连接部位，用引拔针连接

十 短针钩织连接时，将针从反面插入被连接部位，用短针连接

10

花片连接的荷包

作品第 13 页

[准备材料] 线…DARUMA 蕾丝线 #18 黑色（7）50g/2 团

配件…直径 5mm 的黑镍色珍珠串珠 8 颗，宽 5mm、长 50cm 的色丁礼带 2 根

针…钩针 2/0 号

[成品尺寸] 宽 15cm、长 21cm

[密度] 花片 7cm × 7cm

[钩织方法顺序]

1. 花片是在中心钩织锁针 6 针，做成圆环起针后开始钩织，第 1 圈钩织 1 针锁针的立针，钩织 1 针短针、6 针锁针的引拔环 6 次。

2. 钩织第 2、4、6 圈的短针时，把上一圈倒向内侧，在上上圈的针目中钩织。第 3、5、7 圈是把上一圈的锁针成束挑起钩织。

3. 从第 2 枚开始在第 8 圈钩织连接。

4. 4 枚花片连接成 1 片，共钩织连接 2 片（前片、后片）。2 片反面相对，3 个边一起进行边缘编织 a，开口侧则分开钩织。

5. 开口侧是用花样编织和边缘编织 b 钩织成圈，穿入线绳后完成。

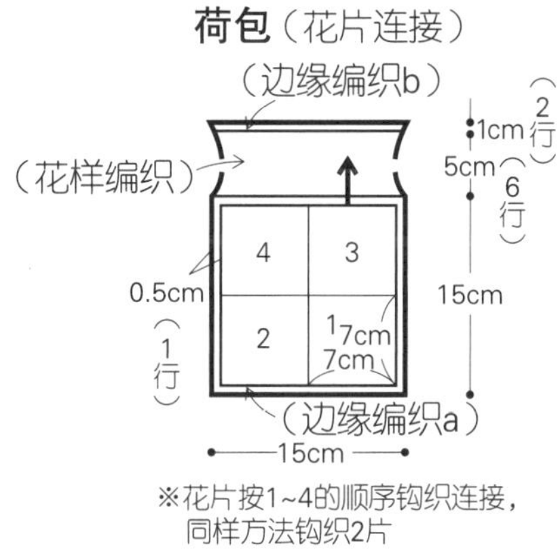

※花片按1~4的顺序钩织连接，同样方法钩织2片

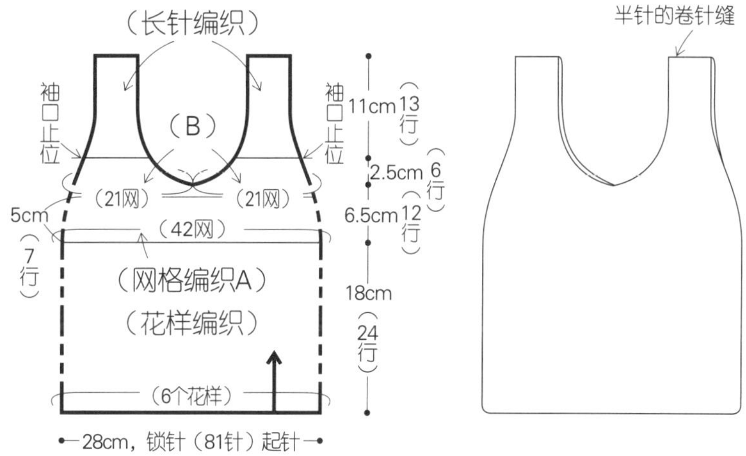

11

菠萝花背包

作品第 13 页

[准备材料] 线…DARUMA 蕾丝线 #18 驼色（7）100g/4 团

针…钩针 3/0 号

[成品尺寸] 宽 28cm、长 38cm

[钩织方法顺序]

1. 底部钩织锁针 81 针起针，钩织 1 针锁针的立针，挑起锁针的半针和里山开始钩织，再挑起锁针另一侧剩下的半针钩织一周。

2. 花样编织是环形钩织到第 24 行。

3. 网格编织也是用同样要领钩织，环形钩织网格编织 A 7 行、网格编织 B 5 行后断线。

4. 在前、后片中心位置接线，往返钩织肋部 6 行、长针 1 行后，左右分开钩织提手部分。

5. 钩织提手结束时，把前后片正面相对，用半针的卷针缝连接。

6. 处理线头后完成。

※ 下接第 54 页

11 ※上接第53页

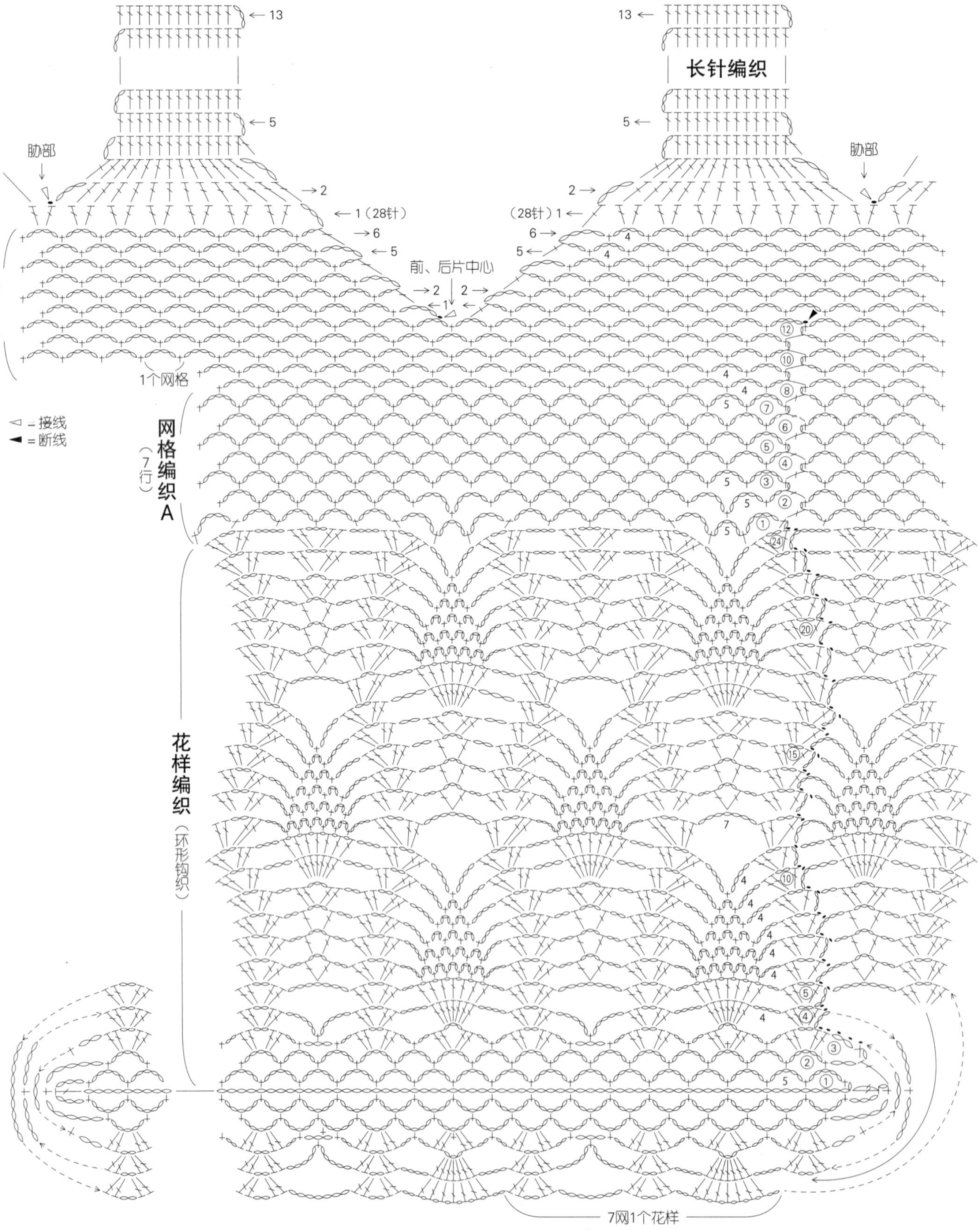

13
5
长针编织
胁部
2
1（28针）
6
5
前、后片中心
网格编织B
（11行）
1个网格
◁ = 接线
◀ = 断线
网格编织A
（7行）
花样编织
（环形钩织）
7网1个花样

15

迷你长围巾

作品第 15 页

[准备材料] 线…DARUMA 金银丝蕾丝线 #30 银色（2）60g/3 团

针…蕾丝针 2 号

[成品尺寸] 宽 15cm 、长 126.5cm

[密度] 10cm×10cm 面积内：花样编织 5个花样，13.5 行

[钩织方法顺序]

1. 在边缘编织 a' 的切换位置钩织锁针 57 针起针，挑起锁针的半针和里山开始钩织。
2. 端头的短针分开针目挑针钩织，其他短针是成束挑起上一行的锁针钩织。
3. 花样编织结束后进行边缘编织 a 的第 1 行和边缘编织 b 继续钩至 1 周，完成边缘编织 a 的第 2 行后断线。
4. 边缘编织 a' 的第 2 行重新接线钩织。
5. 调整形状后完成。

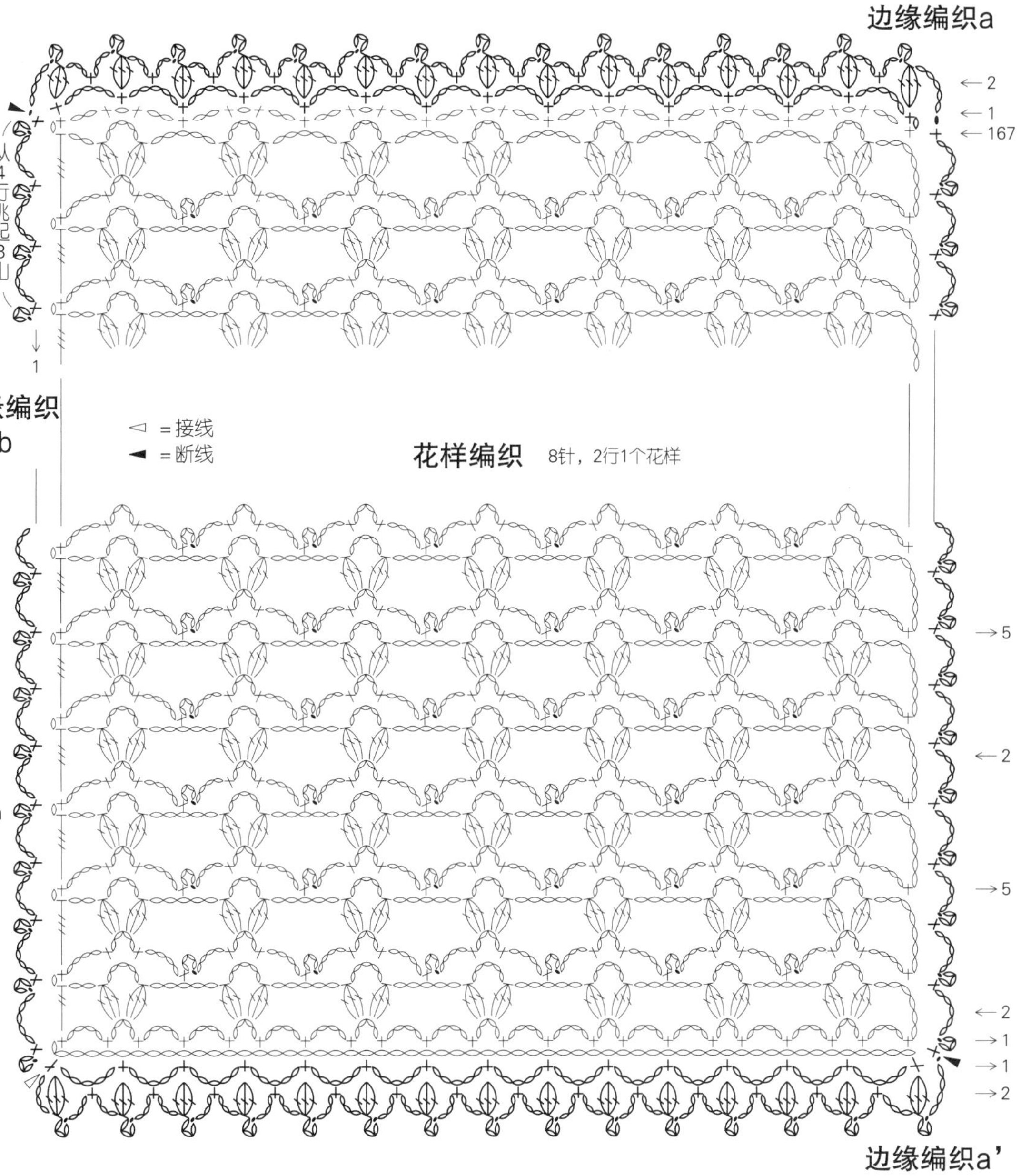

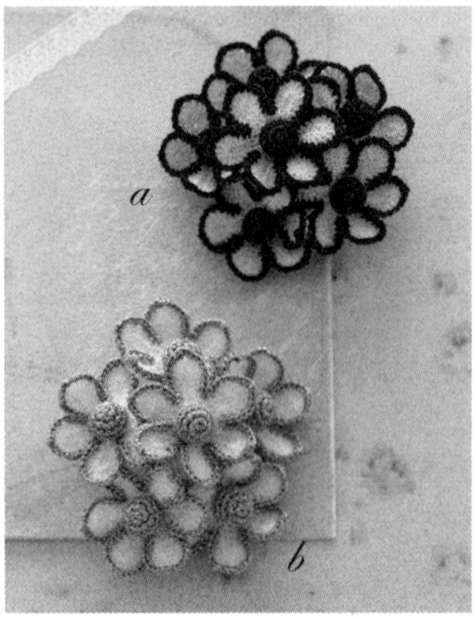

12

团花胸饰

作品第 14 页

[准备材料] 线…DARUMA 蕾丝线 #40 a 驼色（3）5g/1 团、黑色（18）2g/ 团，b 本白色（2）5g/ 团

DARUMA 金银丝蕾丝线 #30 b 银白色（2）2g/ 团

配件…a、b 相同 手工棉少许 、2.5cm 宽胸针别针

针…蕾丝针 6 号

[成品尺寸] 参照图

[钩织方法顺序]

1. 钩织胸针台座 9 圈 2 枚，第 10 圈将 2 枚正面向外对合，挑起外侧半针，一边放入薄层手工棉，一边钩织。

2. 按照图示钩织花、花芯各 6 枚，将花芯重叠放在花上，在花芯内填入少许手工棉制作花片。

3. 在完成的胸针台座上放上 5 枚花片，缝合在胸针台座的周围，在中间再缝上 1 枚花片，调整好形状。

4. 在胸针台座的反面缝合胸针别针，完成。

花片

花 6枚

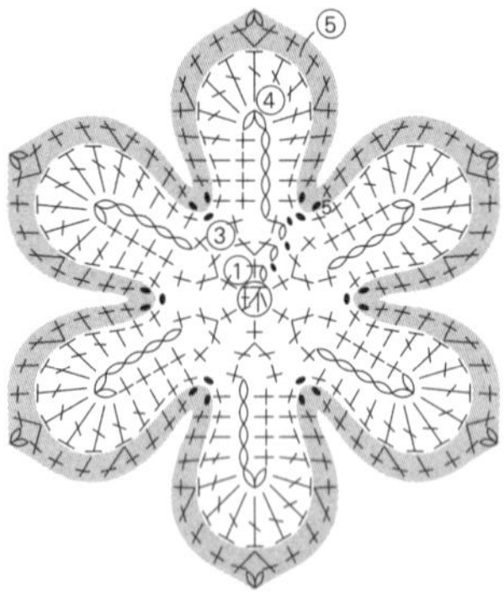

花芯 6枚

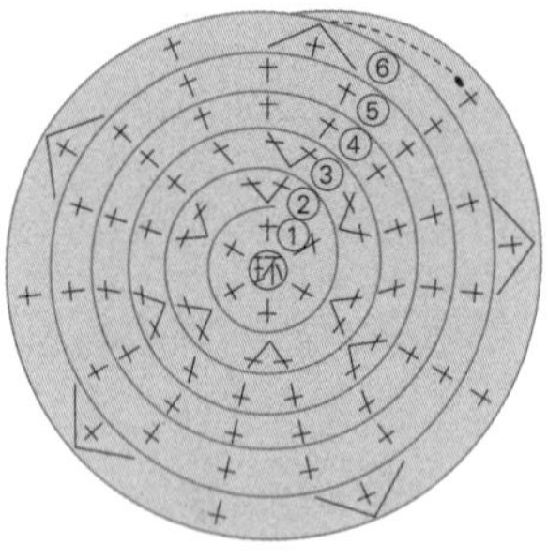

加针方法

6	10针	（-5针）
5	15针	
4		
3	15针	（+3针）
2	12针	（+6针）
第1圈	6针	
圆环起针		

花片的制作方法

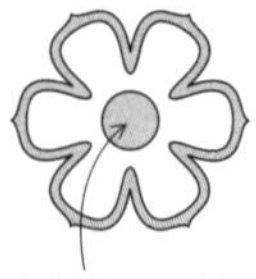

配色

	a	b
（白）	驼色	本白色
（灰）	黑色	银白色

※指定颜色外，a用驼色、b用本白色钩织

胸针台座 1枚

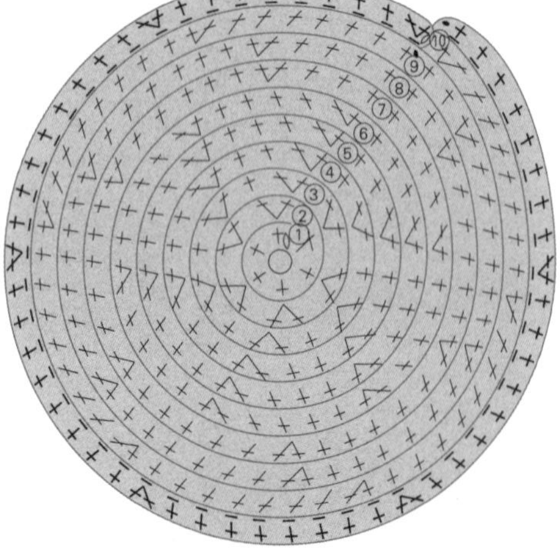

加针方法

10	60针	各（+6针）
9	54针	
8	48针	
7	42针	
6	36针	
5	30针	
4	24针	
3	18针	
2	12针	
第1圈	6针	
圆环起针		

※钩织胸针台座9圈2枚，第10圈将2枚正面向外对合，挑起外侧半针，一边放入薄层手工棉，一边钩织

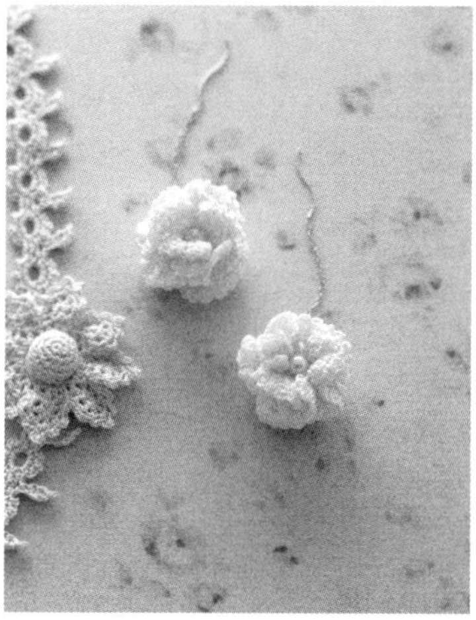

14

耳环

作品第 14 页

[准备材料] 线…DARUMA 金银丝蕾丝线 #30 本白色（4）4g/ 团

配件…直径 5mm 的珍珠串珠 4 颗，耳环金属配件 1 对

针…蕾丝针 4 号

[成品尺寸] 参照图

[钩织方法顺序]

1. 在花的中心做绕线圆环起针，钩织 1 针锁针的立针，环形钩织至第 2 圈末。

2. 第 3 圈挑起上一行内侧的半针，往返钩织花瓣 3 行，钩织 5 次。

3. 第 4 圈接着第 3 圈钩织，把花瓣倒向内侧，短针和长针都是从第 2 圈的外侧挑起半针钩织。

4. 花片钩织 4 枚，2 枚 2 枚地正面对折固定中心。如图所示缝上珍珠串珠，再缝上耳环金属配件后完成。

花片 花 2枚×2

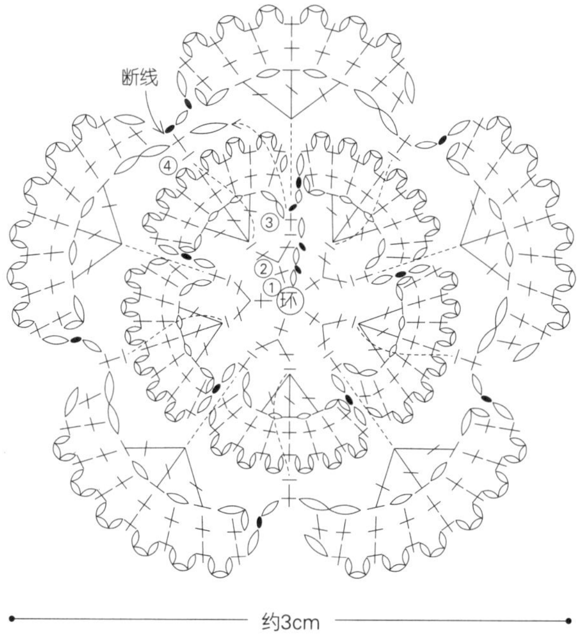

耳环的收尾方法

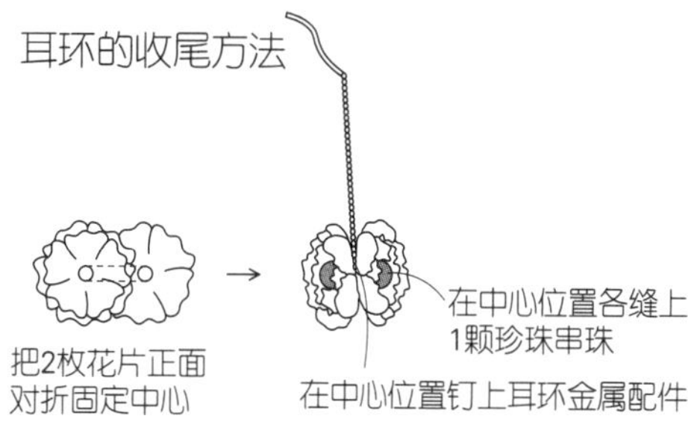

胸针的收尾方法

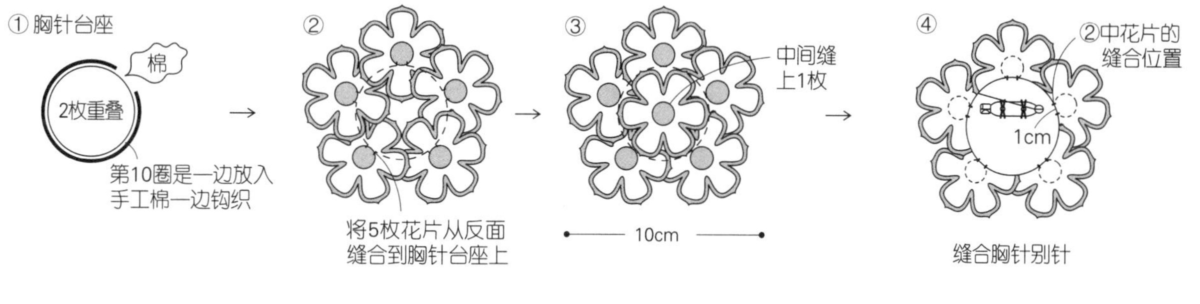

13

项链

作品第 14 页

[准备材料] 线…DARUMA 蕾丝线 #40 驼色（3）7g/ 团

配件… 手工棉少许、项链金属配件 1 对

针…蕾丝针 6 号

[成品尺寸] 参照图

[钩织方法顺序]

1. 首先钩织本体。钩织锁针 269 针起针，钩织 1 针锁针的立针，挑起锁针的半针和里山钩织第 1 行。第 2 行分别挑起第 1 行的头部和起针剩下的半针钩织 1 周。
2. 花片的大花、小花首先做绕线圆环起针，环形钩织 3 圈，之后进行花样编织，钩织花瓣。
3. 花芯也是用同样的要领起针开始钩织，环形钩织 6 圈。
4. 把各个花片均衡地缝到项链本体上。
5. 在两端缝上金属配件后完成。

花片

大花 1枚

约5.5cm

小花 2枚

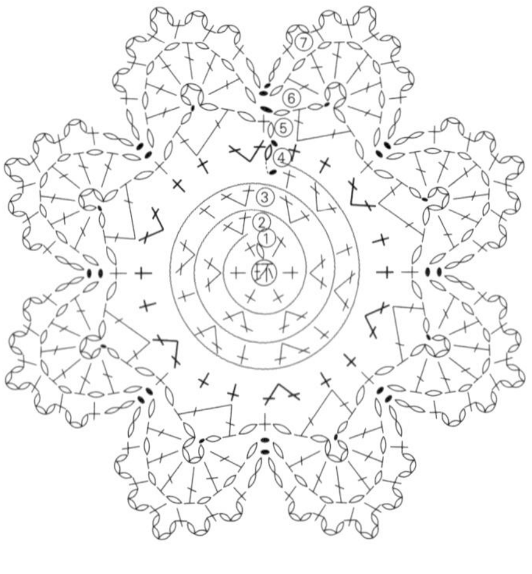

约4.5cm

※花芯首先提前钩织3枚，
在钩织大花和小花的第4圈时，
挑起花芯第6圈的外侧1根线一起钩织，
同时在花芯的中心放入少许手工棉。

花芯 3枚

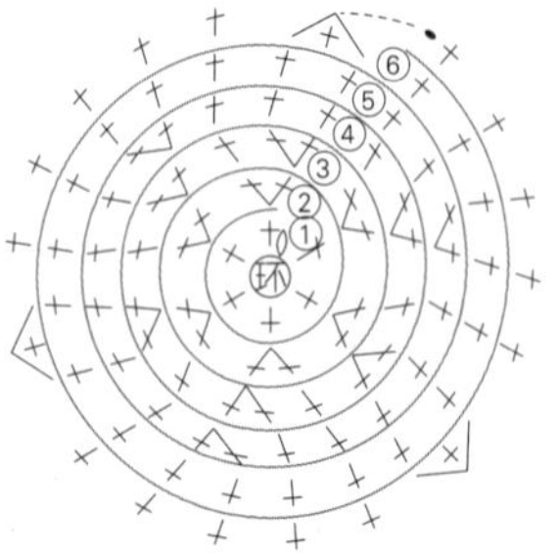

加针方法

6	18针	（-3针）
5	21针	
4	21针	（+3针）
3	18针	（+6针）
2	12针	（+6针）
第1圈	6针	
圆环起针		

项链（花样编织）本体

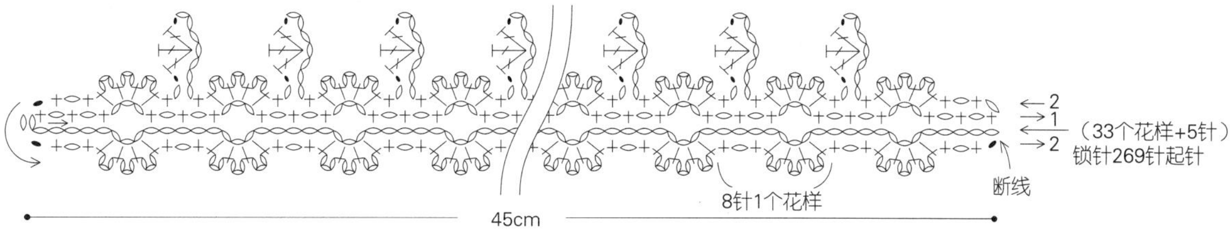

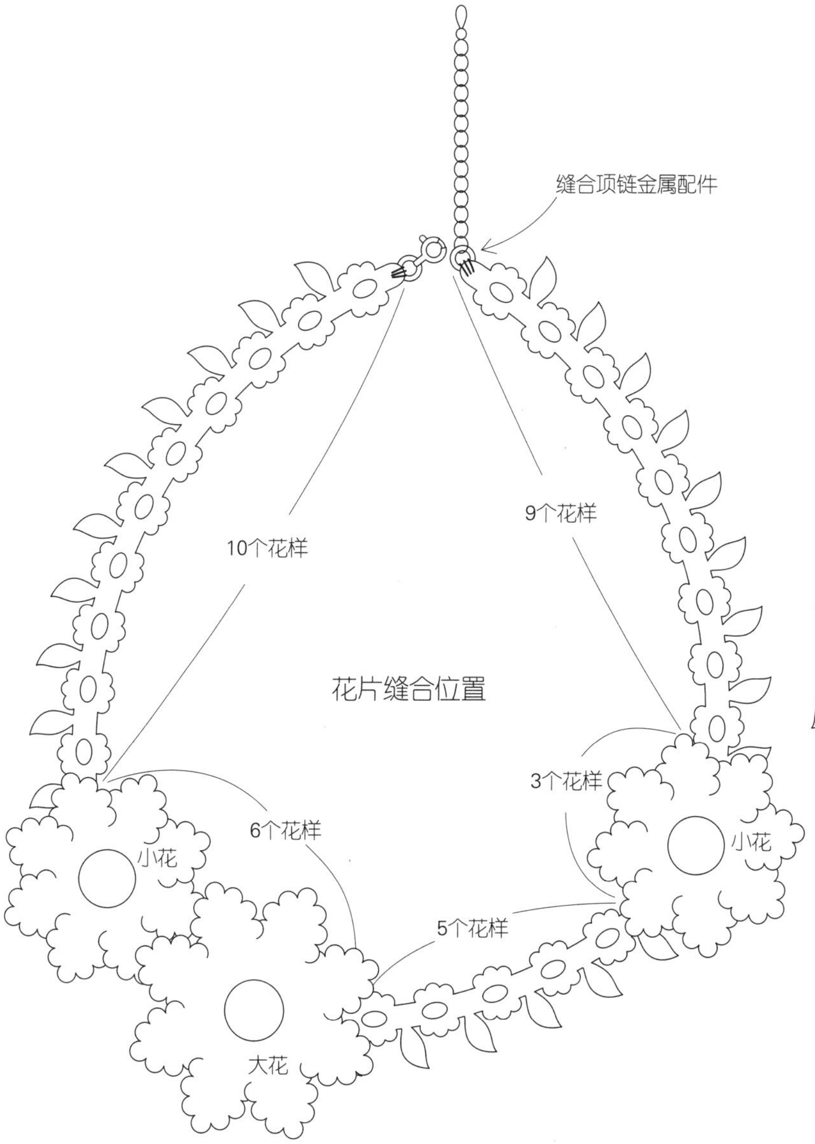

花片缝合方法

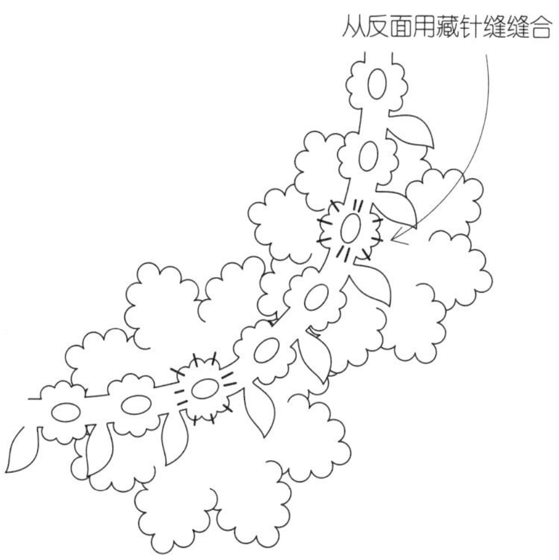

16

锦上添花的项链和耳环

作品第 16 页

[准备材料] 线…DARUMA 蕾丝线 #40 绿色（11）（项链 6g、耳环 3g）9g/ 团

配件… 直径 5mm 的圆环 2 个、耳环金属配件 1 对

针…蕾丝针 6 号

[成品尺寸] 参照图

[钩织方法顺序]

1. 花片的叶 A、B、C、D 都是在中心锁针起针，挑起锁针的半针钩织，另一侧挑起剩下的半针钩织，在锁针的中心留 1 根线。

2. 花片的花是钩织 8 针锁针，做成圆环起针，钩织第 1 圈，第 2 圈将第 1 圈倒向内侧，挑起起针锁针的圆环钩织。第 3、4 圈成束挑起上一圈的锁针钩织。

3. 果实做绕线圆环起针钩织完成。

4. 项链的本体用花样编织，如图所示将各个花片缝合后完成。

5. 耳环是用花片的叶 D、B 来完成形状的，缝合果实和耳环金属配件后完成。

花片

花 3枚

叶 A、B 项链各1枚
B 耳环2枚

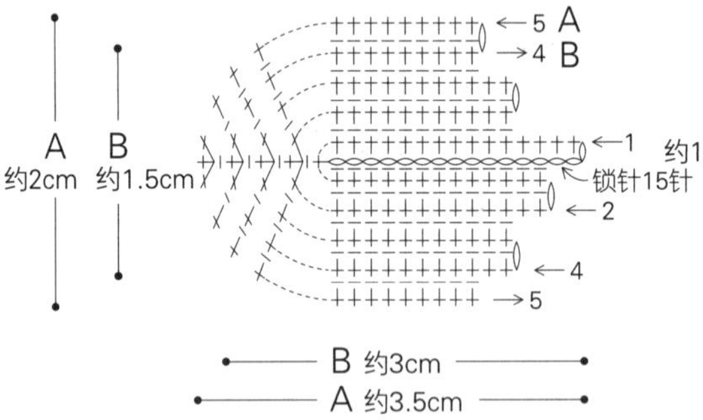

叶 C 项链 2枚

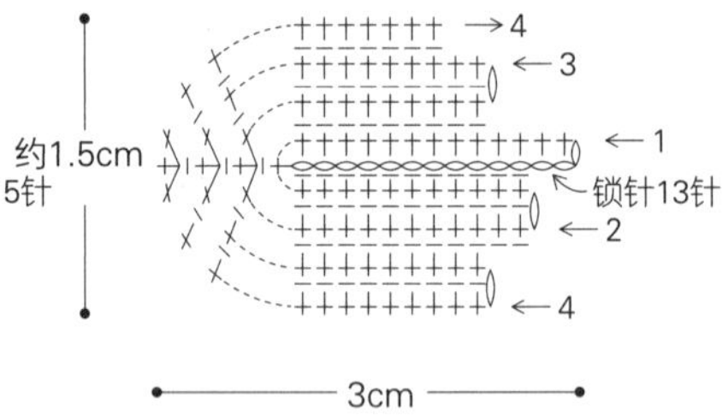

果实 项链 3个
耳环 4个

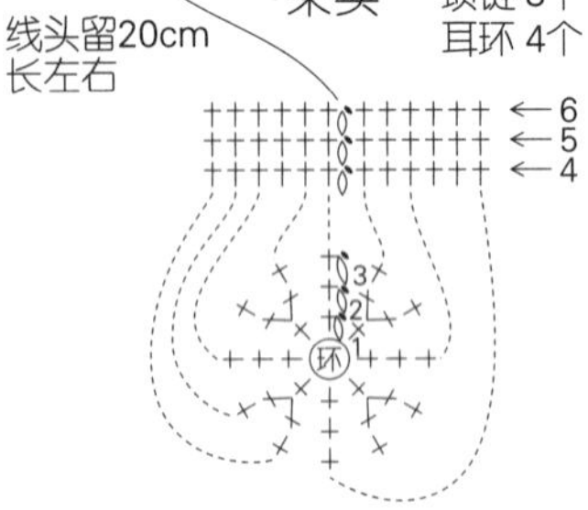

叶 D 耳环2枚

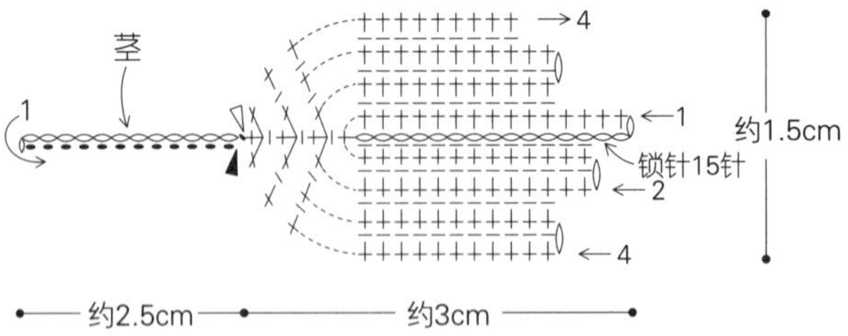

果实的制作方法

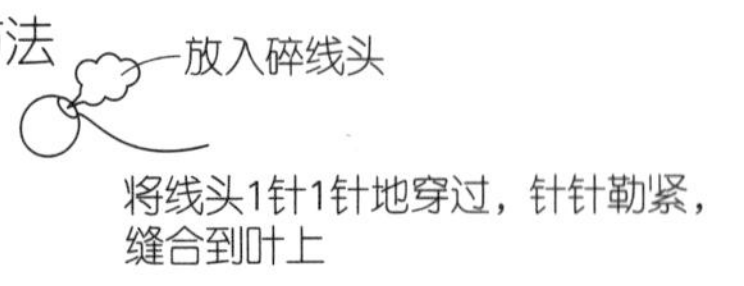

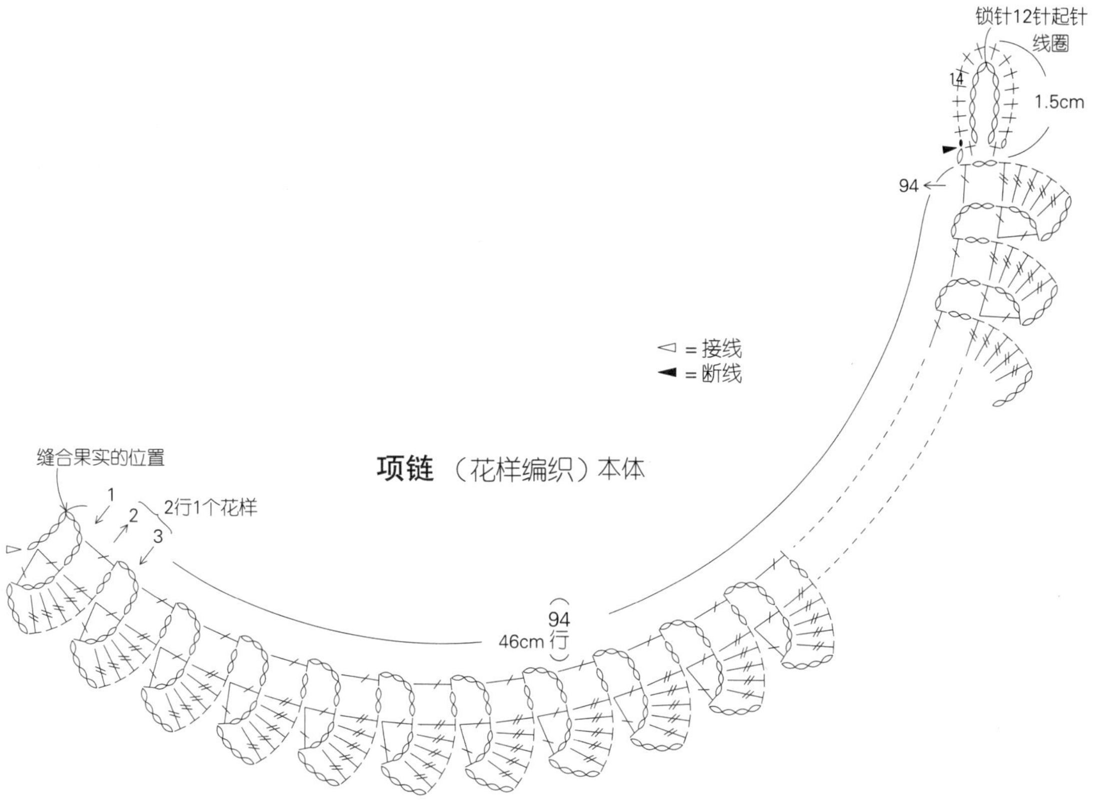

项链（花样编织）本体

项链的完成方法

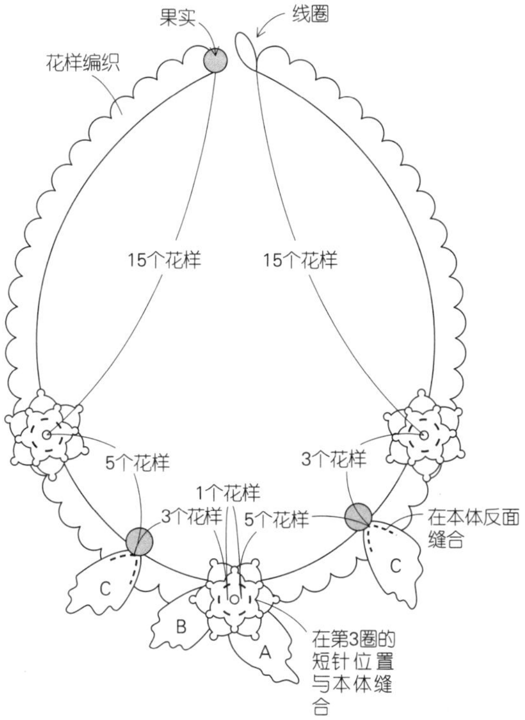

耳环完成方法

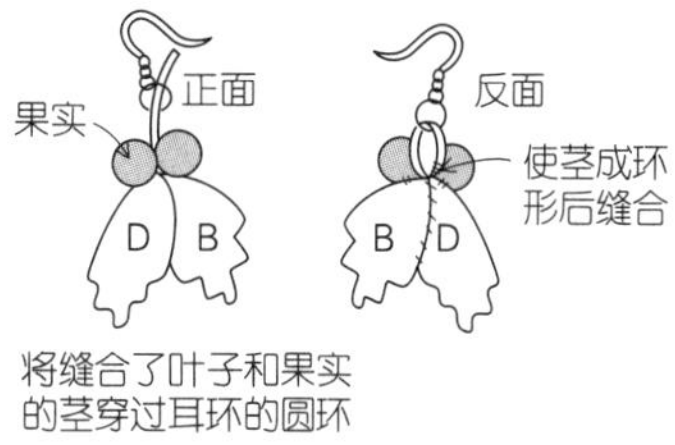

完成图

17

婚戒枕和糖果袋

作品第 17 页

[准备材料] 线…DARUMA 蕾丝线 #40 白色（1）（婚戒枕 25g、糖果袋 10g）35g/25g、10g 各 1 团，驼色（3）（婚戒枕 8g、糖果袋 10g）18g/25g1 团

配件…色丁布 20cm×25cm，手工棉 50g，直径 4mm 的珍珠串珠 6 颗，宽 3.5cm、长 50cm 的色丁礼带 4 根

针…蕾丝针 6 号

[成品尺寸] 参照图

[钩织方法顺序]

婚戒枕 从前片中心的花片开始钩织。花片的中心是把线在和棒针粗细的棒上缠绕 10 圈做成圆环起针后开始钩织，白色和驼色配色钩织。第 2 枚用引拔针与第 1 枚钩织连接。周围的花样编织如图所示一边挑针一边钩织 8 行，后片为花样编织，前、后片 2 枚正面相对，放入提前做好的枕芯，用边缘编织缝合，缝合花片后完成。

糖果袋 改变配色制作 2 个。

糖果袋

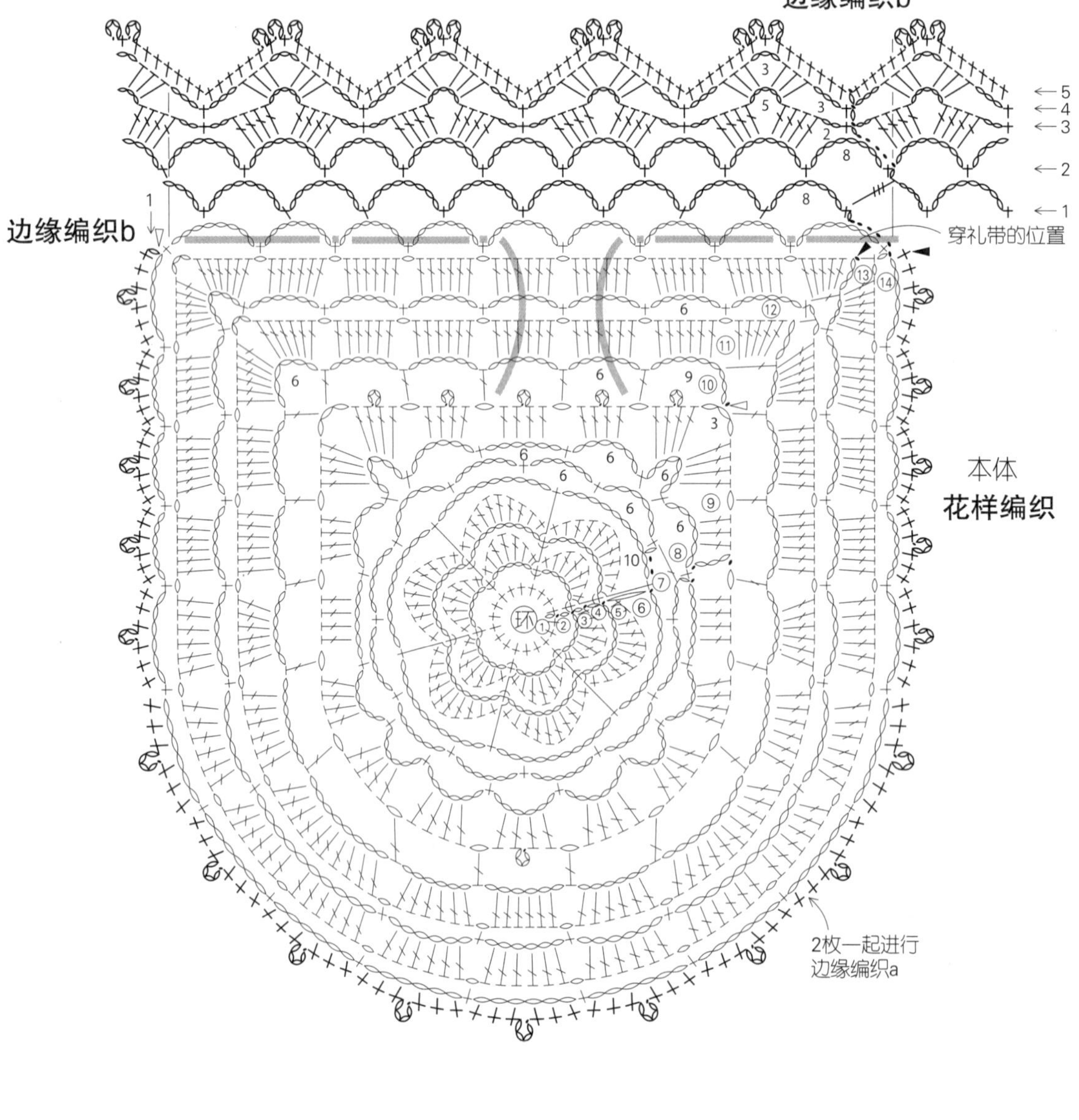

糖果袋

本体 2枚
（花样编织）

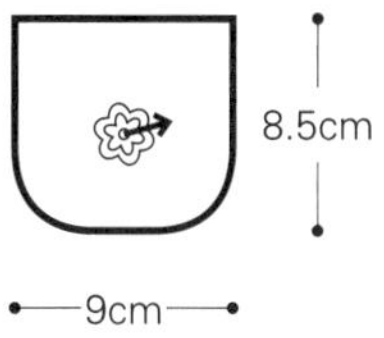

本体的配色

	a	b
14～10	白色	驼色
9	驼色	白色
8～6	白色	驼色
5、4	驼色	白色
3、2	白色	驼色
第1圈、圆环	驼色	白色

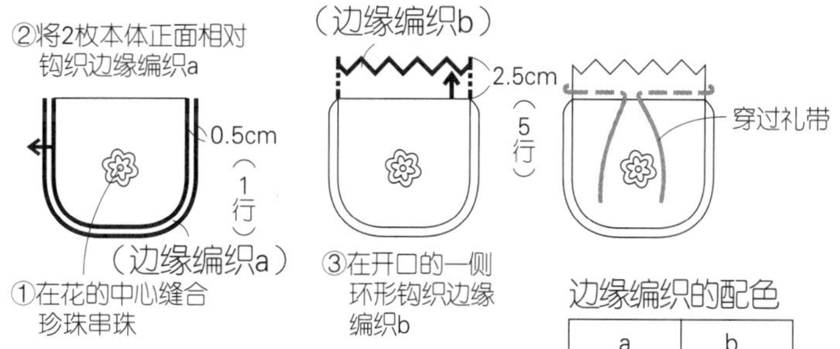

边缘编织的配色

a	b
白色	驼色

花a 白色 驼色 ＞各1枚

花b 白色 驼色 ＞各1枚

叶 白色 驼色 ＞各2枚

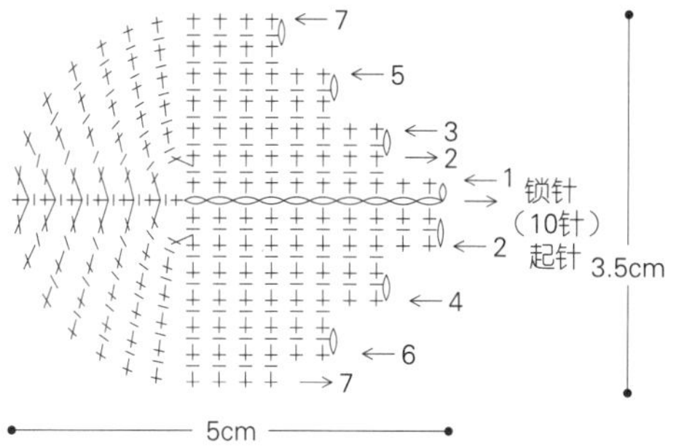

芯 白色 驼色 ＞各1枚

※◎＝花片的中心位置是在10号棒针上将线缠绕10圈做圆环起针开始钩织

婚戒枕

枕芯的裁缝方法

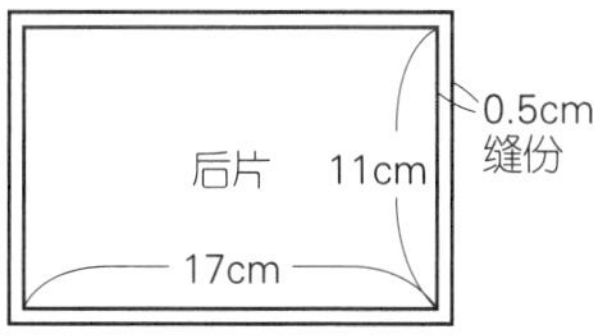

色丁布裁剪2枚

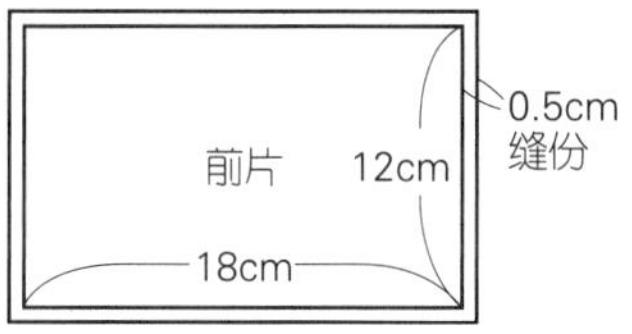

枕芯的缝制方法

一边把前片布加入褶皱一边与后片布正面相对缝合

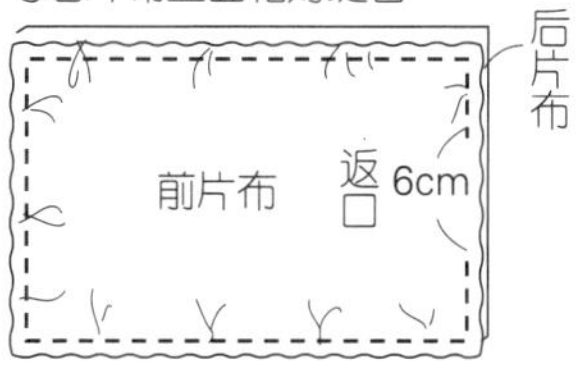

翻到正面，放入棉花，将返口缝合

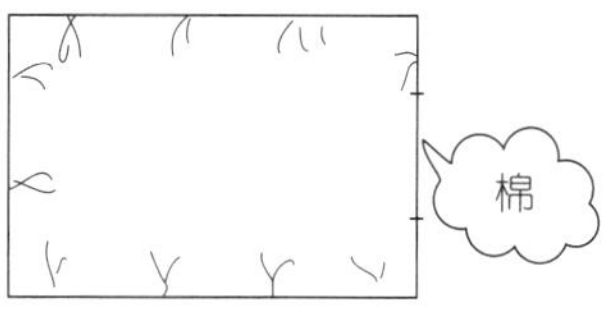

※婚戒枕下接第64、65页

 ※上接第63页

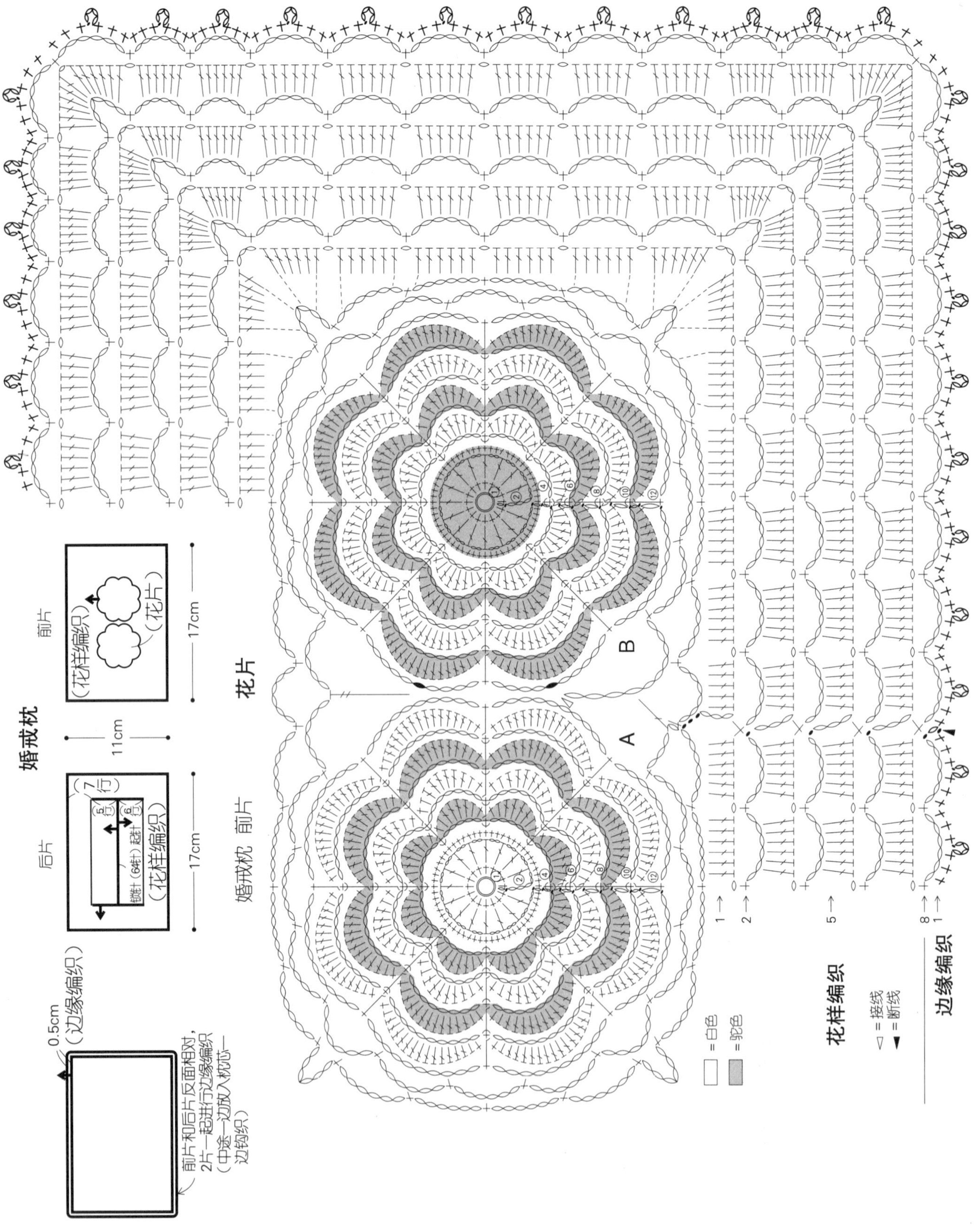

婚戒枕
后片
7行
5行
6行
(花样编织)
锁针(64针)起针
17cm
11cm
前片
(花样编织)
(花片)
17cm
0.5cm
(边缘编织)
前片和后片反面相对，2片一起进行边缘编织（中途一边放入枕芯一边钩织）
花片
婚戒枕 前片
A
B
□ = 白色
■ = 驼色
花样编织
◁ = 接线
◀ = 断线
边缘编织

花样编织　婚戒枕　后片

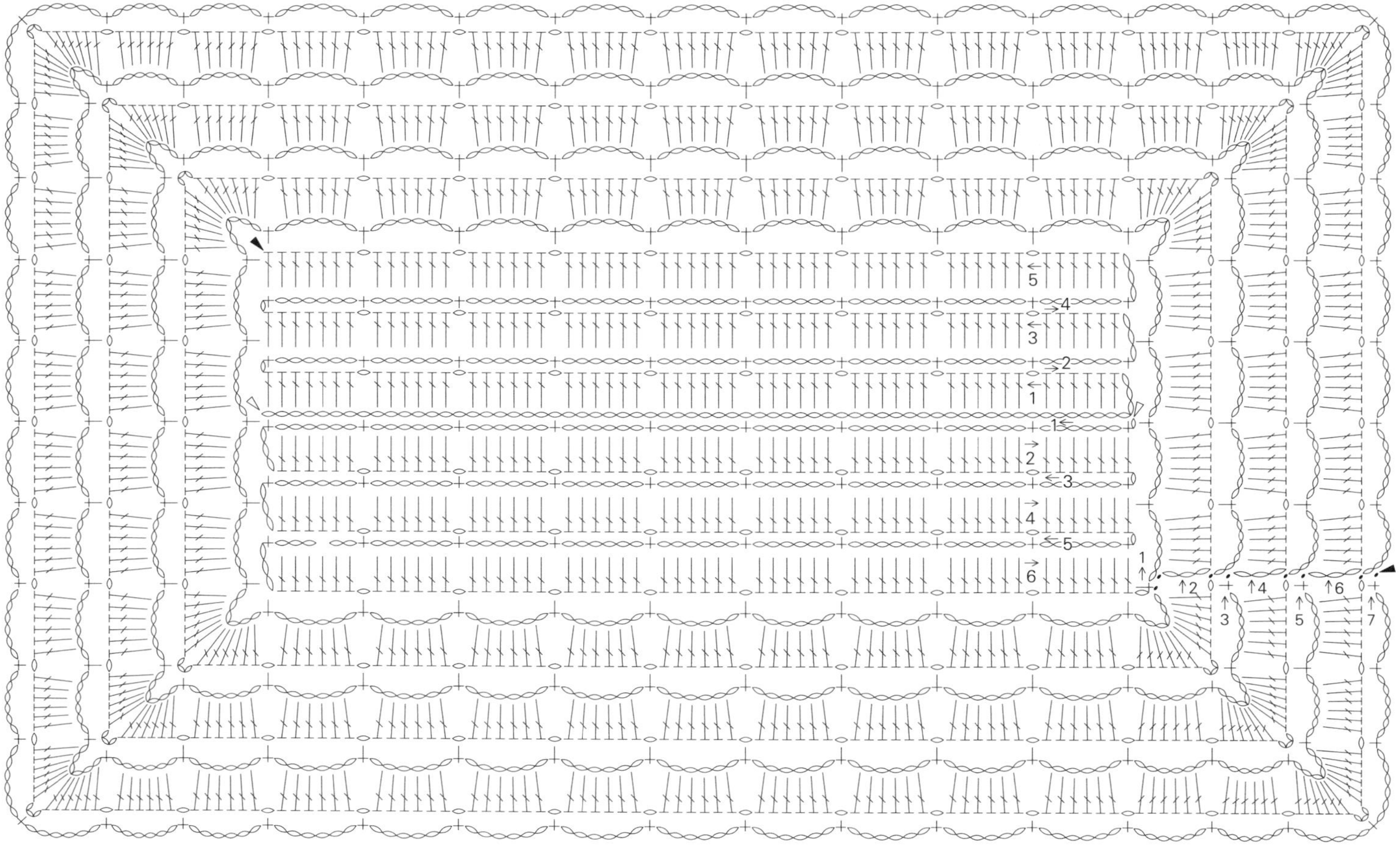

花片A、B

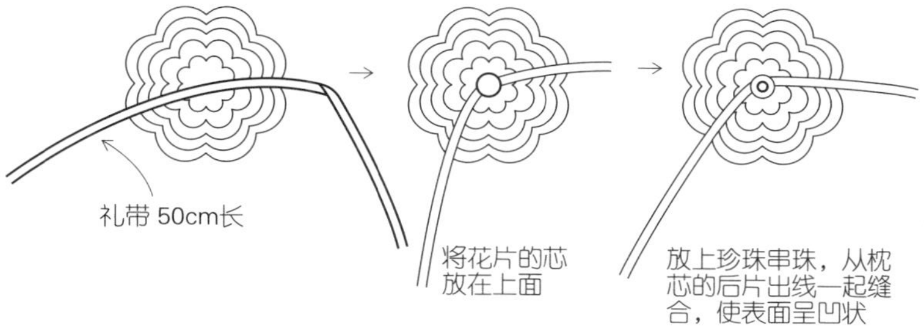

花片缝合位置

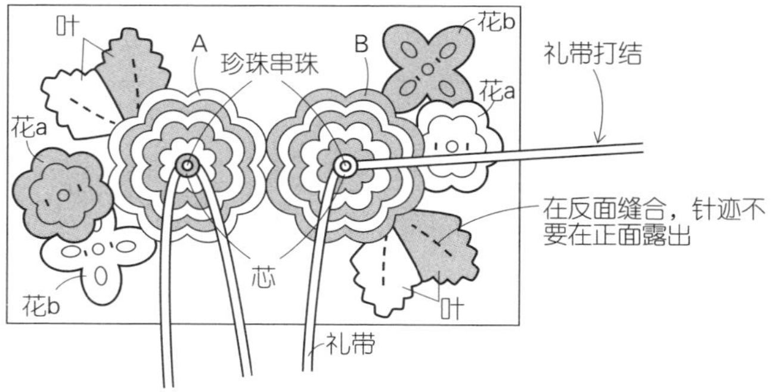

18

带袖褶边披肩

作品第 18 页

[准备材料] 线…DARUMA 绢丝蕾丝线 #30 本白色（1）190g/10 团

针…蕾丝针 6 号

[成品尺寸] 长 41cm、连肩袖长 56cm

[密度] 10cm×10cm 面积内：花样编织 A 10.5 个网格，20 行

[钩织方法顺序]

1. 在身片中心钩织锁针 133 针起针，挑起锁针的半针和里山，往返钩织身片 56 行、袖 38 行，断线。在身片和袖子的结合处做线记号备用。
2. 另外一边是挑起起针留下的针目，用同样的要领钩织。
3. 袖子下方的部分是对合剪口，用 [1 针短针、3 针锁针] 的锁针缝合。
4. 领、下摆是从身片行开始挑针，环形钩织花样编织 B 22 行，接着钩织边缘编织 2 行。
5. 袖口是花样编织 A 结束后开始挑针，与领、下摆同样要领钩织。

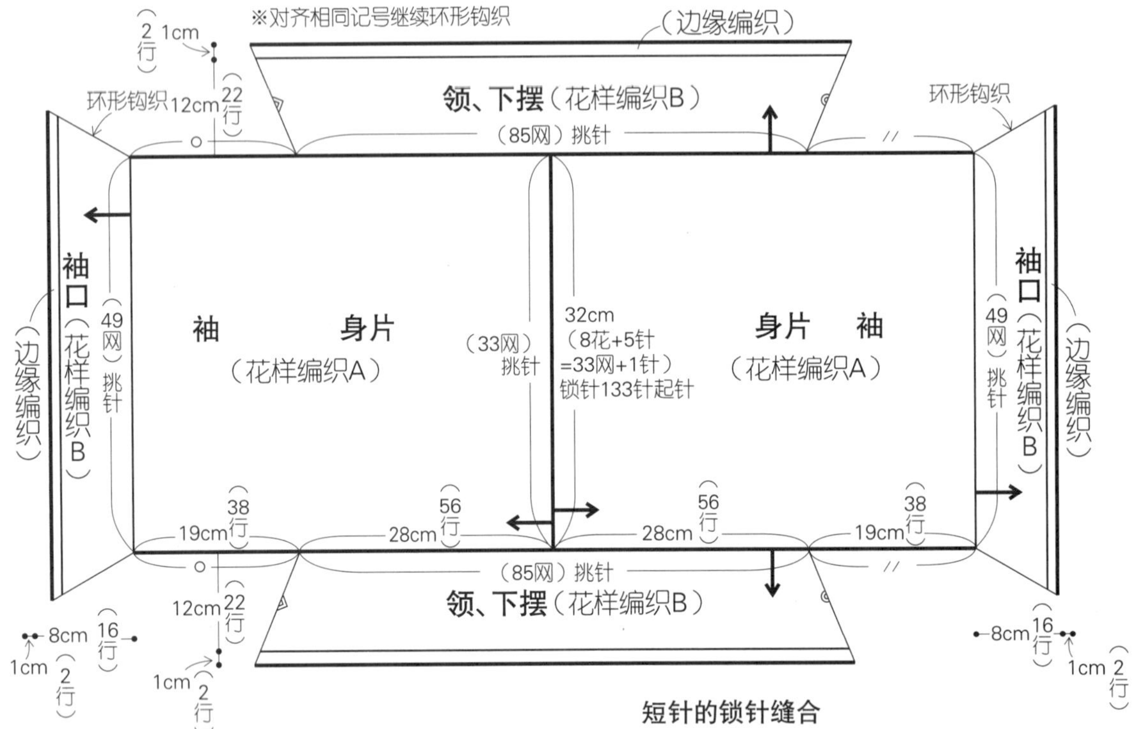

收尾方法

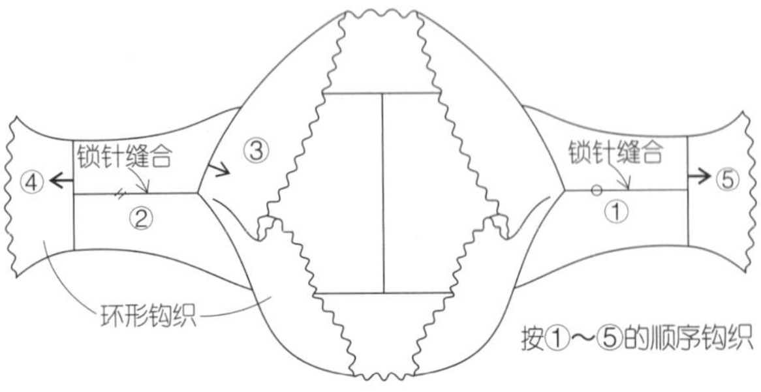

短针的锁针缝合

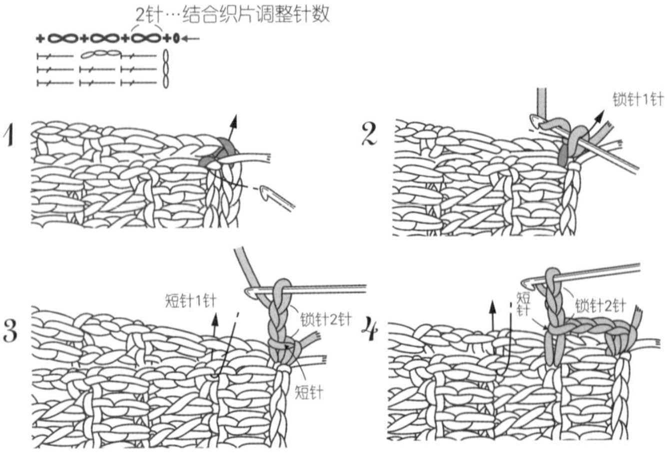

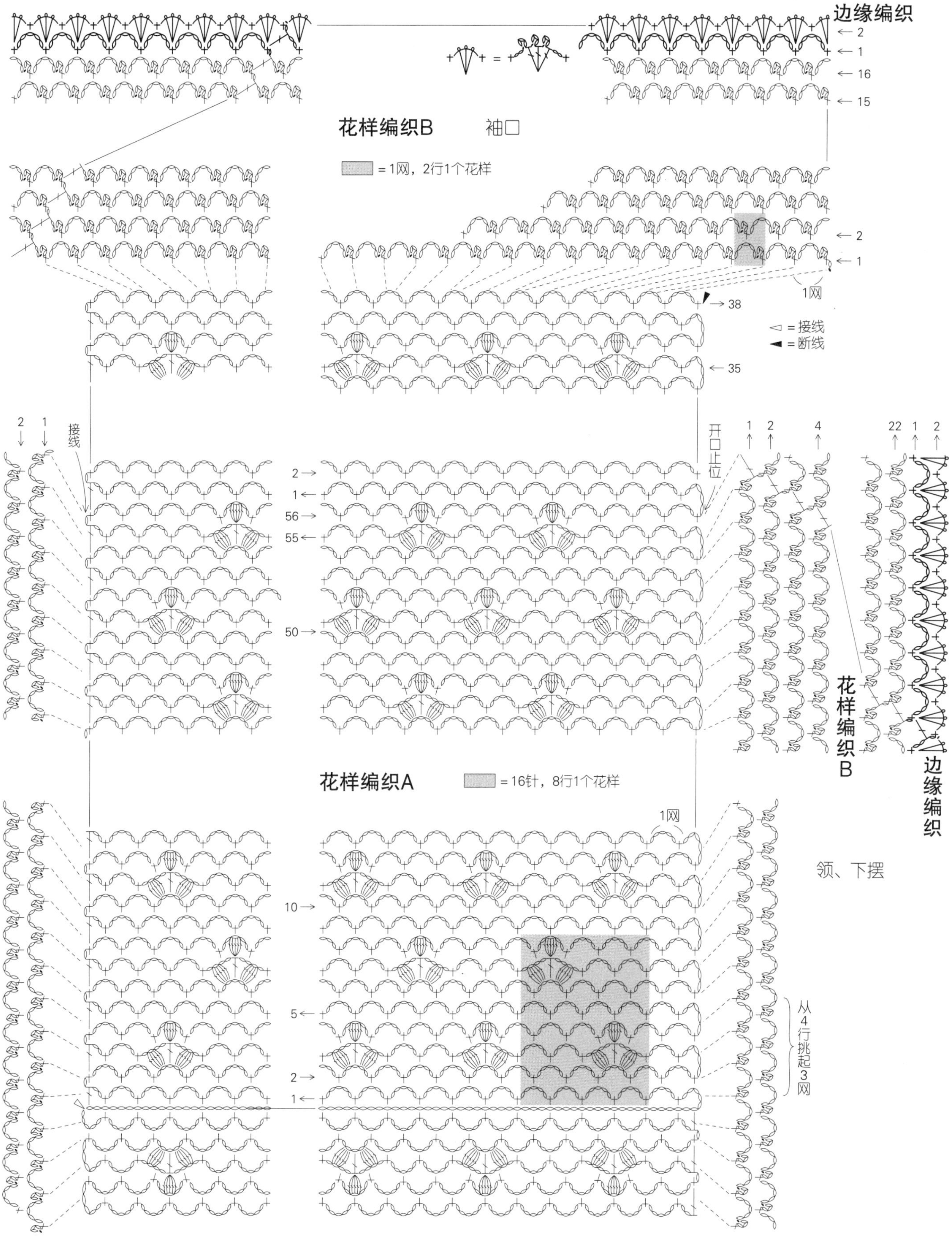

边缘编织
2
1
16
15
花样编织B
袖口
= 1网，2行1个花样
2
1
1网
38
◁ = 接线
◀ = 断线
35
2
1
接线
开口上位
1
2
4
22
1
2
2
1
56
55
50
花样编织B
边缘编织
花样编织A
= 16针，8行1个花样
1网
领、下摆
10
5
2
1
从4行挑起3网

19

圆形菠萝花围巾

作品第 20 页

[准备材料] 线…DARUMA 绢丝蕾丝线 #30 银灰色（10）100g/5 团

针…蕾丝针 4 号

[成品尺寸] 长 53cm

[密度] 10cm 长度内：花样编织 11 行

[钩织方法顺序]

1. 在中心钩织锁针 6 针起针，钩织 1 针锁针的立针，挑起锁针的半针和里山开始钩织。

2. 端头的立针和第 9、25 行的长针 2 针，是将锁针的针目分开后挑起钩织，其他是将上一行的锁针成束挑起钩织。

3. 外围共 11 个花样。

4. 边缘编织接线，如图所示钩织 3 行。调整形状后完成。

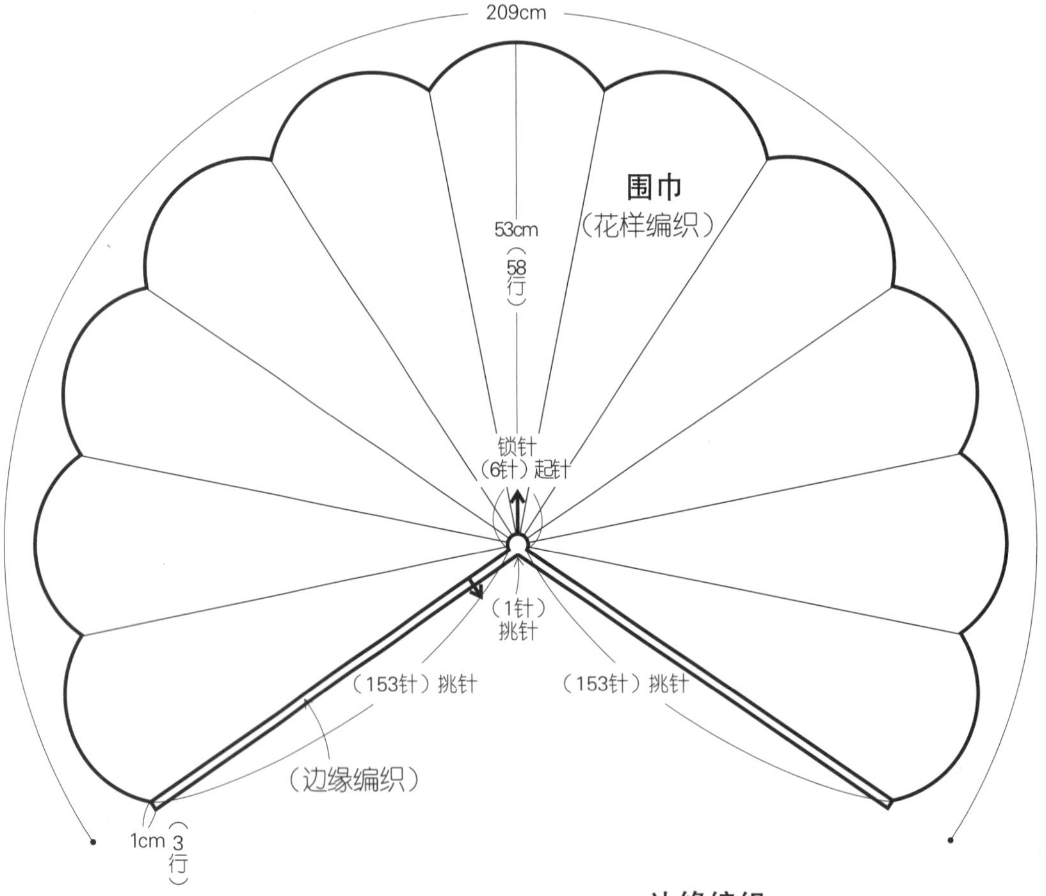

边缘编织

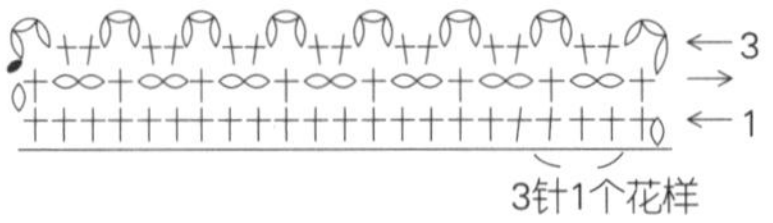

※下接第71页

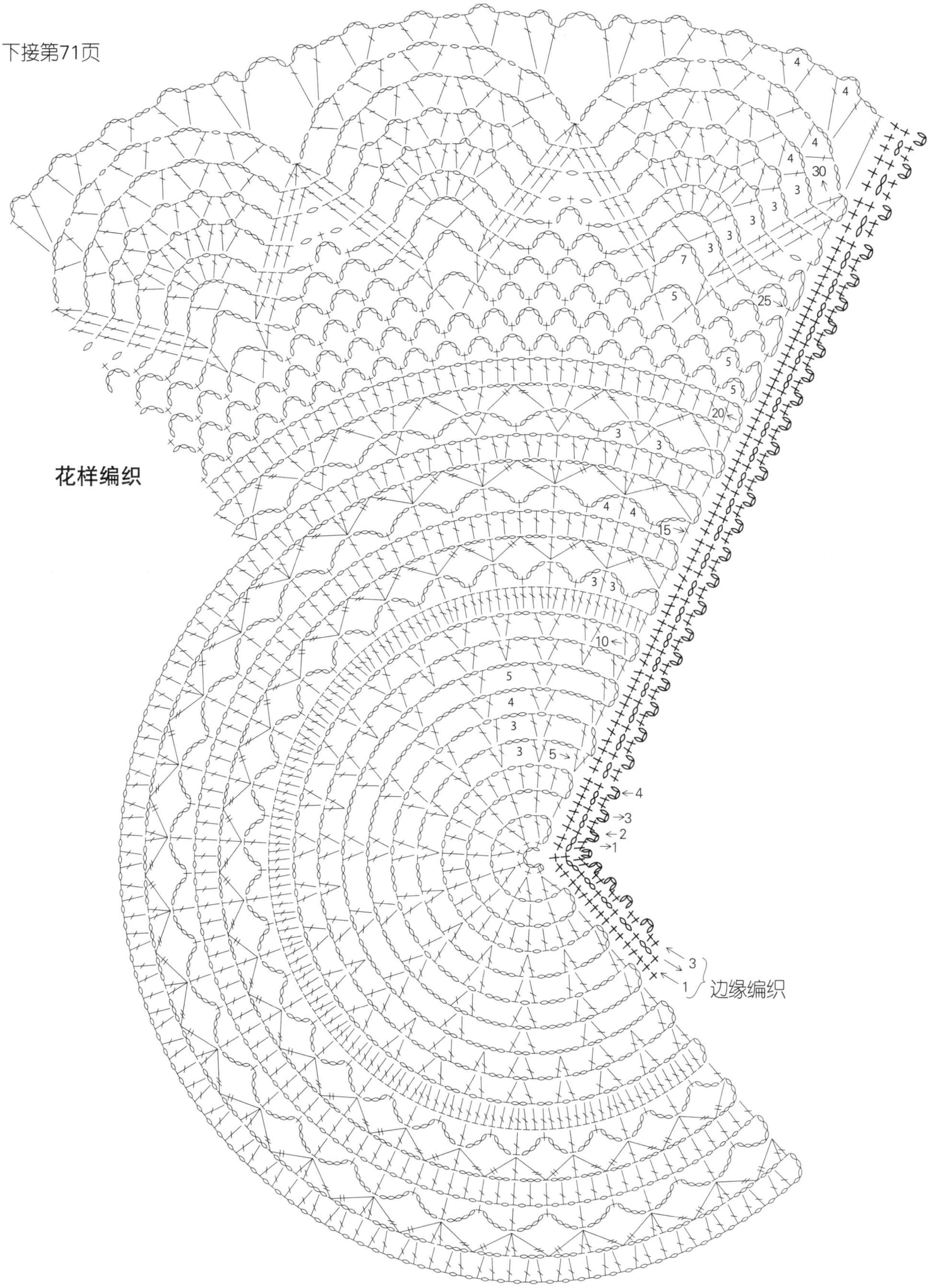

花样编织

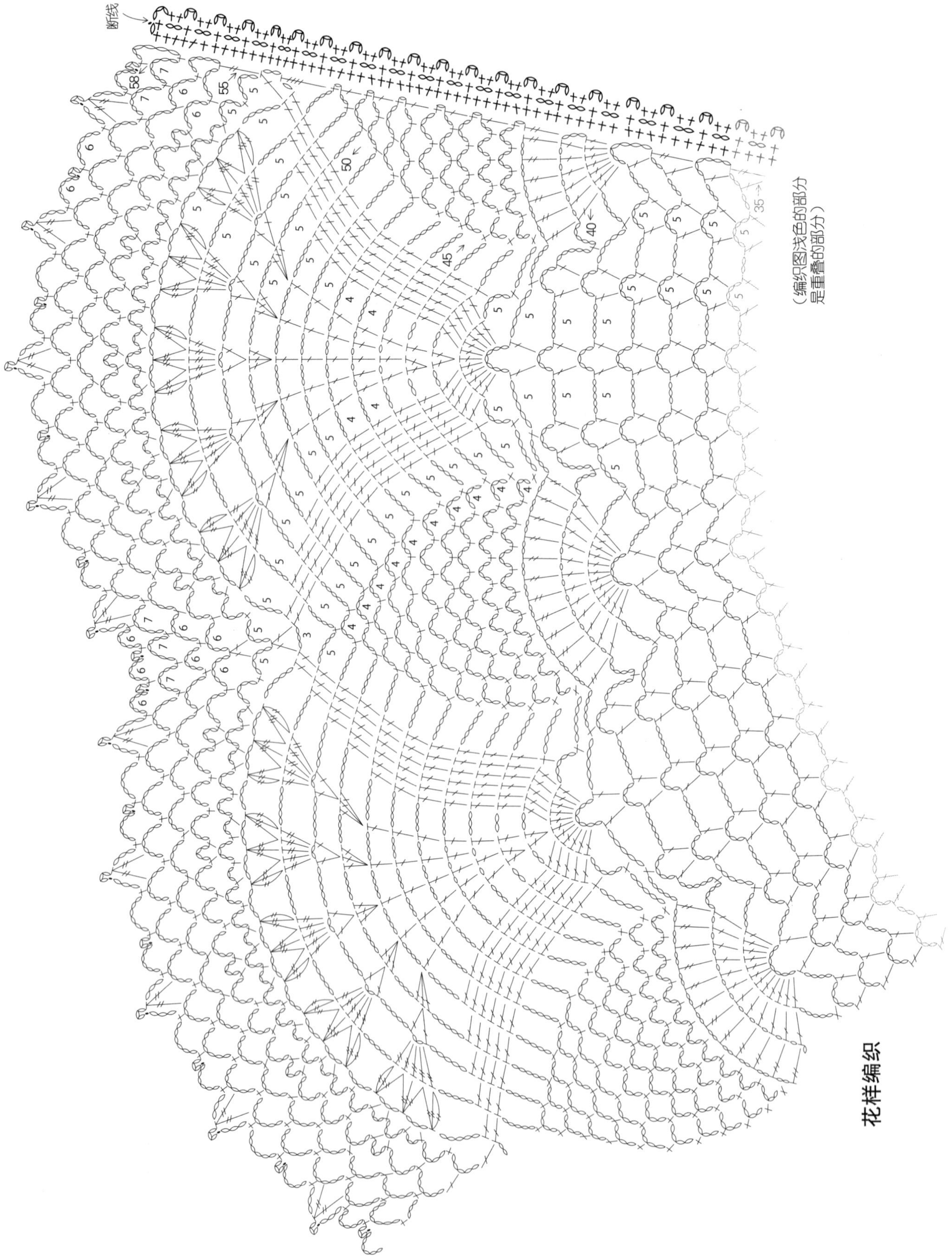

花样编织

19

※上接第69页

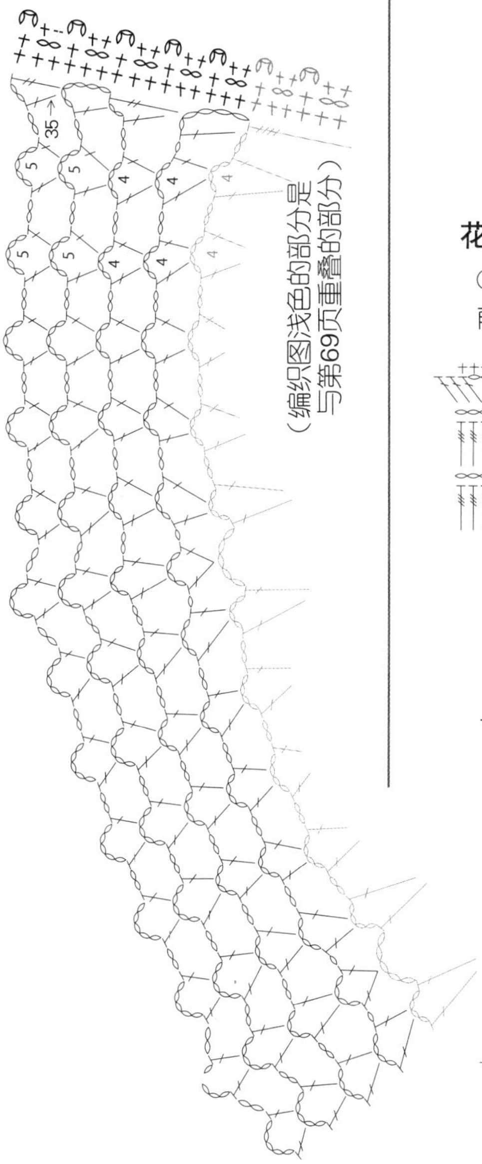

20

※上接第73页

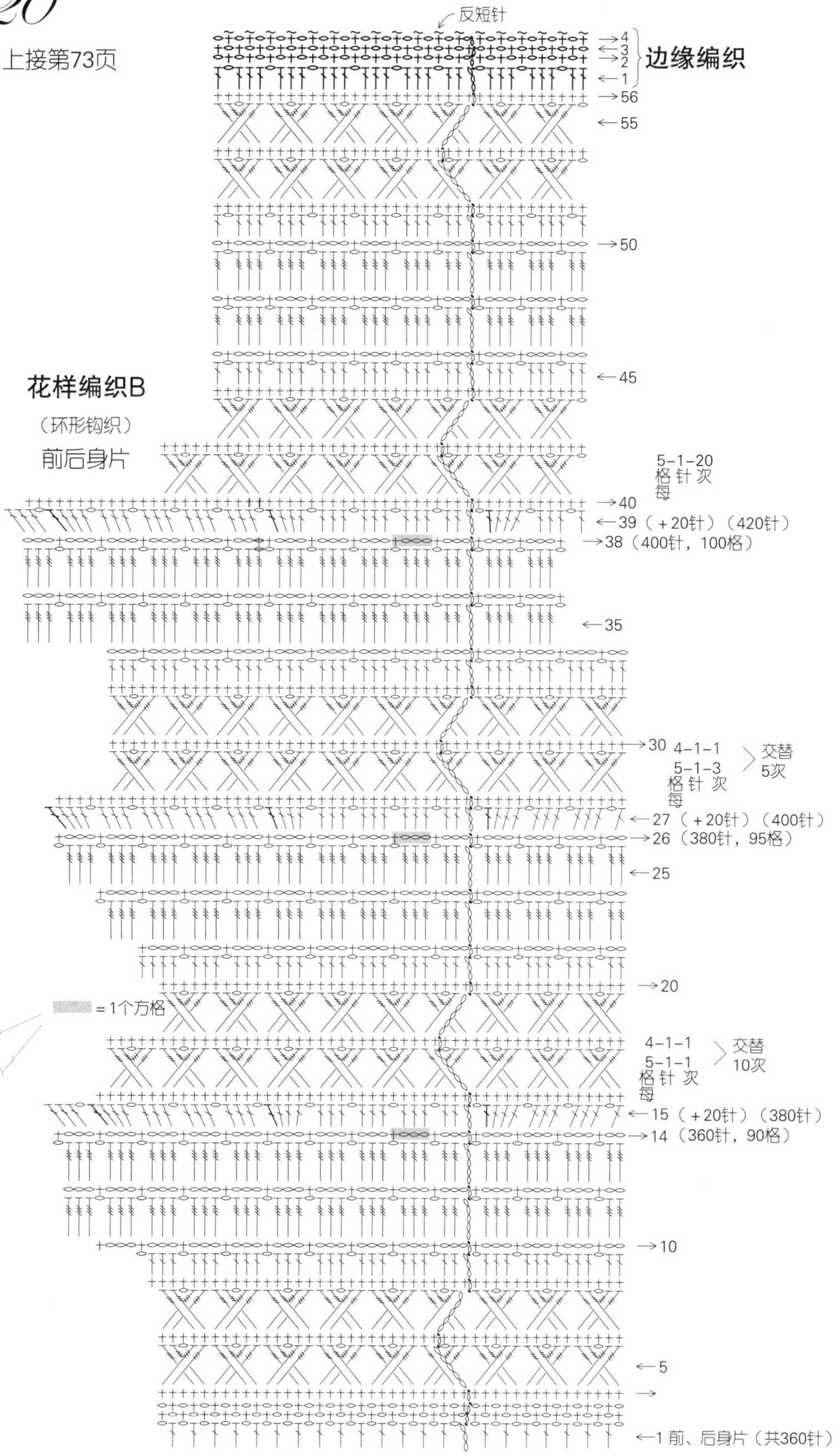

20

圆育克珠饰套头衫

作品第 22 页

[准备材料] 线…DARUMA 绢丝蕾丝线 #30 茶色（8）220g/11 团
配件…透明大圆串珠 1210 颗
针…蕾丝针 2 号

[成品尺寸] 胸围 90cm、身长 56.5cm、连肩袖长 43.5cm

[密度] 10cm 长度内：花样编织 B 40 针

[钩织方法顺序] 串珠的数量比实际需要数量多准备一些较好。

1. 将串珠穿过线后，在育克的领口处钩织 260 针锁针，做成圆环起针开始钩织。
2. 第 2、4 圈是将串珠一边放入一边钩织短针，第 5 圈是每 8 针加 2 针 2 次和每 10 针加 2 针 1 次交替加针钩织。用同样要领钩织到第 46 圈。
3. 后身片从育克开始继续钩织，平编 8 行，用锁针钩织腋下。
4. 前身片和后身片与腋下连接成圆环状，在指定位置加针钩织，接着钩织边缘编织 4 行。
5. 袖是从育克、后身片和腋下开始挑针环形钩织。

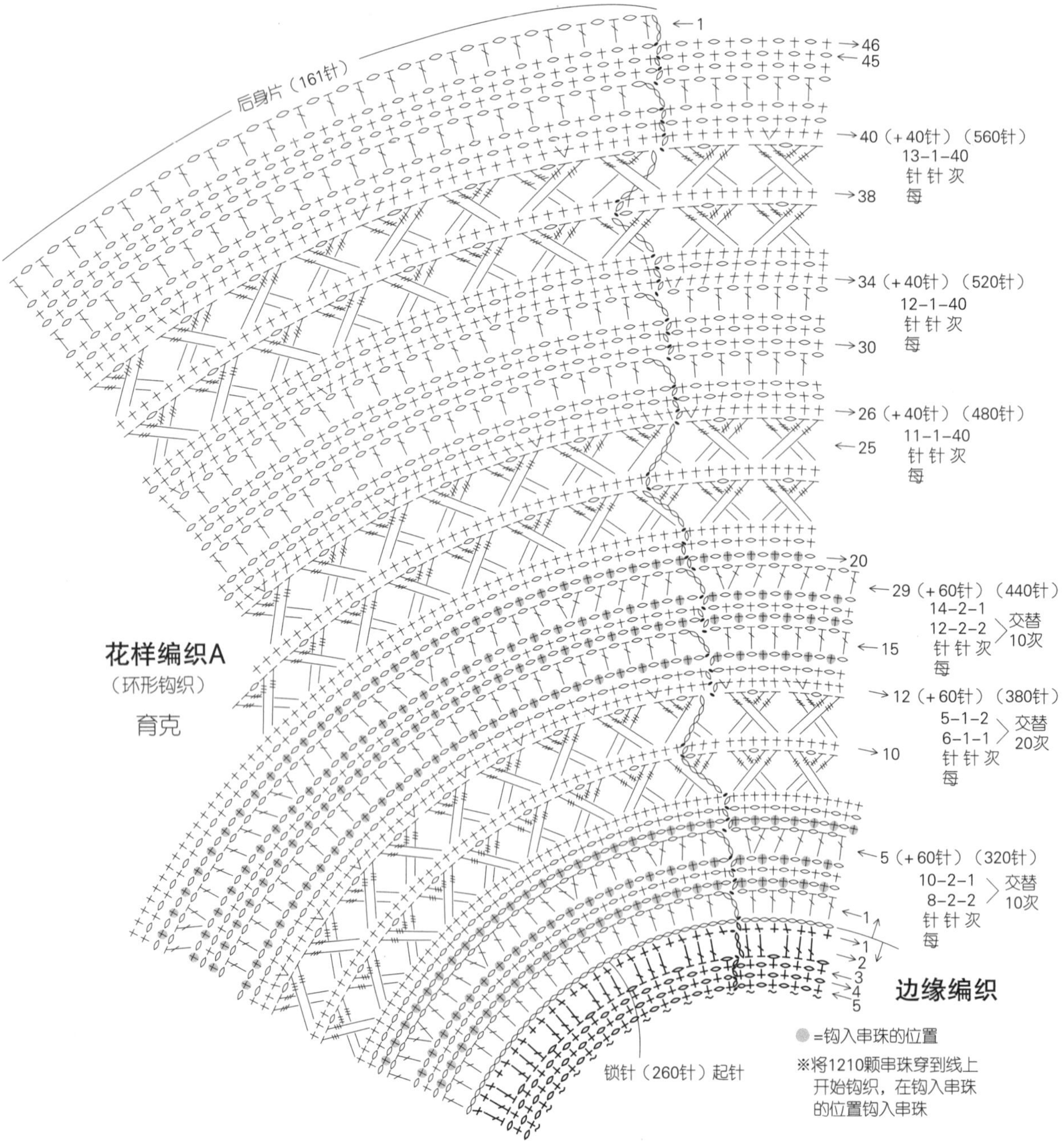

● =钩入串珠的位置

※将1210颗串珠穿到线上开始钩织，在钩入串珠的位置钩入串珠

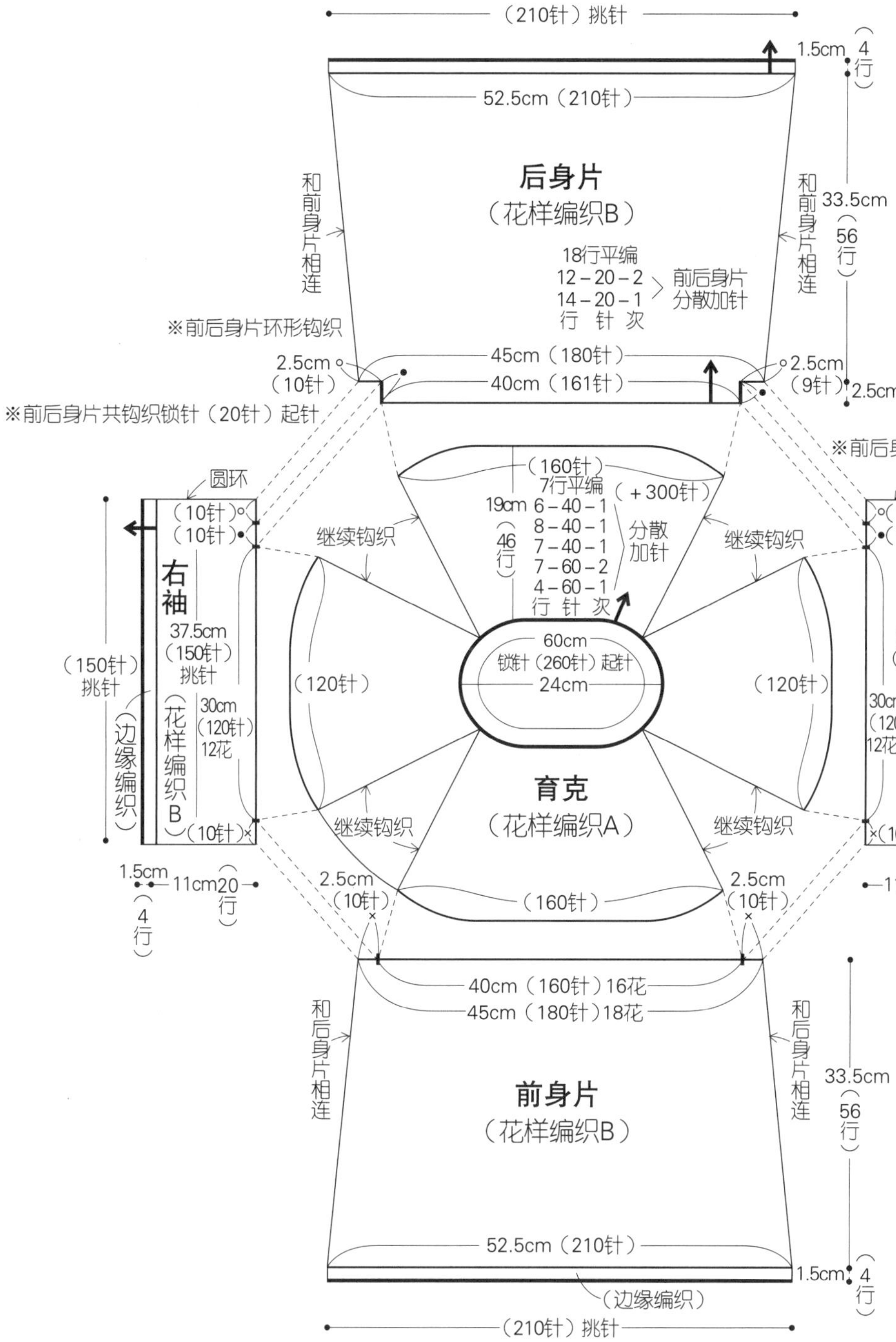

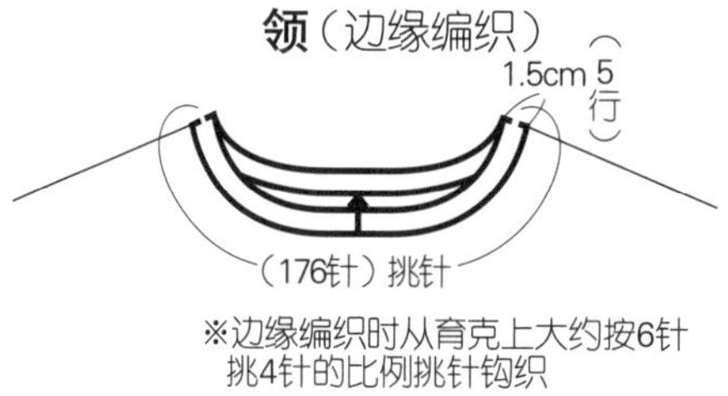

※前后身片的编织图在第71页，
袖的编织图在第74页

变化的长针1针交叉（右上）

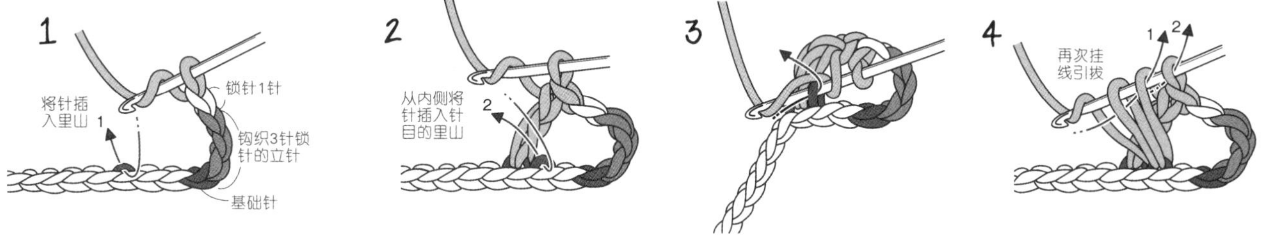

20 ※上接第73页

变化的长针1针交叉（左上）

1

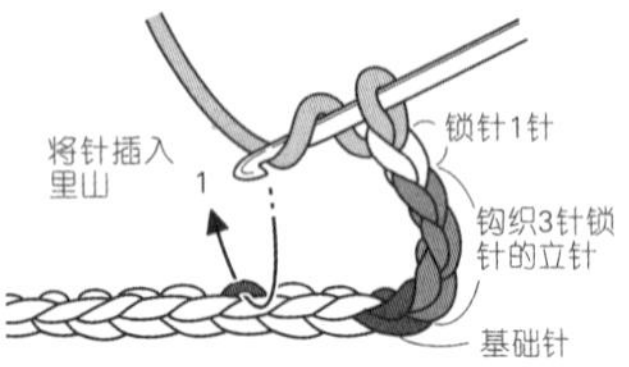

2

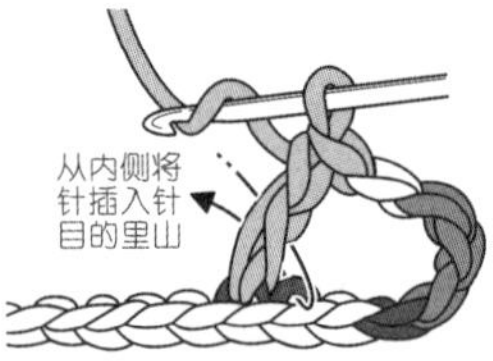

3

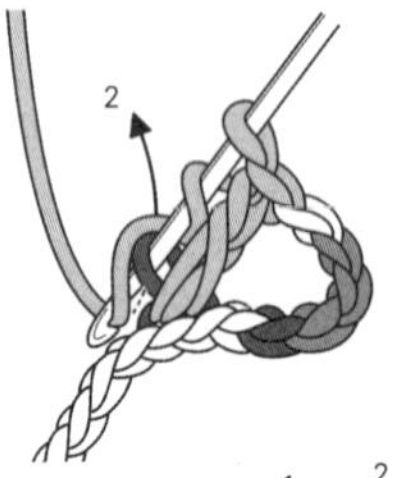

4

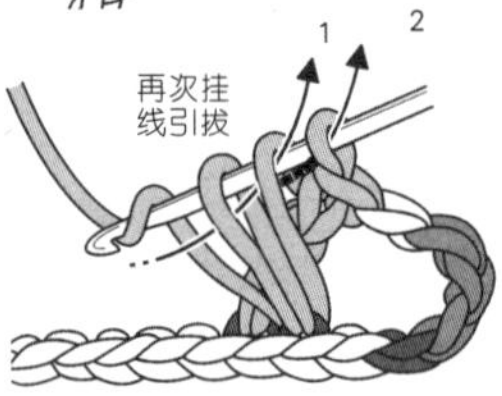

花样编织B 袖

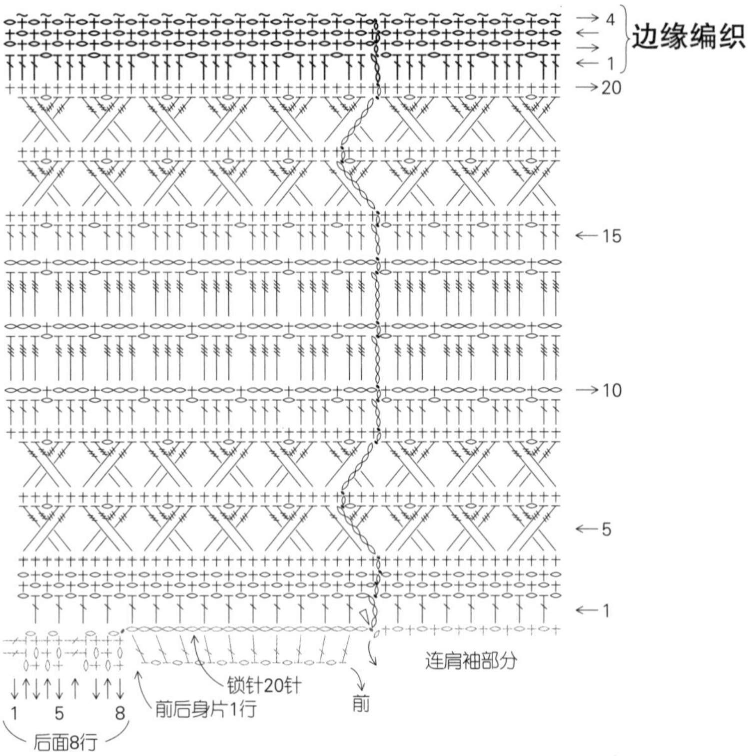

反短针

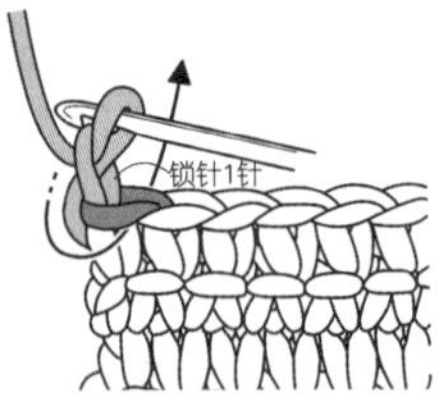

1 织片的方向不变，钩织1针锁针的立针，如图所示回转针，插入上一行针目头部的2根线中。

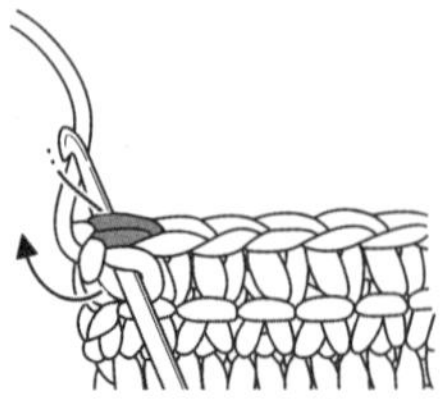

2 针上挂线，如箭头所示将线向内侧引拔拉出。

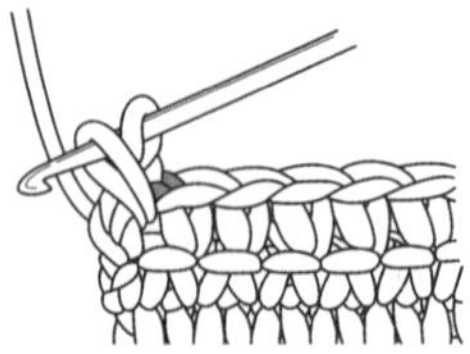

3 将线引拔拉出后如图。

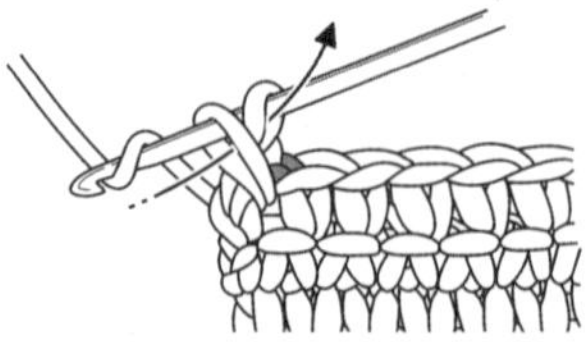

4 针上挂线，如图所示引拔穿出2个线圈，完成1针反短针。重复步骤2~4。

21

花片三角蕾丝围巾

作品第 23 页

[准备材料] 线…DARUMA 金银丝蕾丝线 #30 驼色（6）130g/7 团

针…蕾丝针 4 号

[成品尺寸] 宽 140cm、长 44cm

[密度] 花片 7cm × 8cm

[钩织方法顺序] 花片按照 1~89 的顺序钩织连接。

1. 花片是在中心钩织 6 针锁针，做成圆环起针后开始钩织。

2. 成束挑起上一圈的锁针进行钩织。

3. 第 5 圈结束时，在开始钩织的锁针的第 4 针上引拔钩织。

4. 从第 2 枚开始用引拔针与旁边的花片连接，如图所示完成。

花片连接

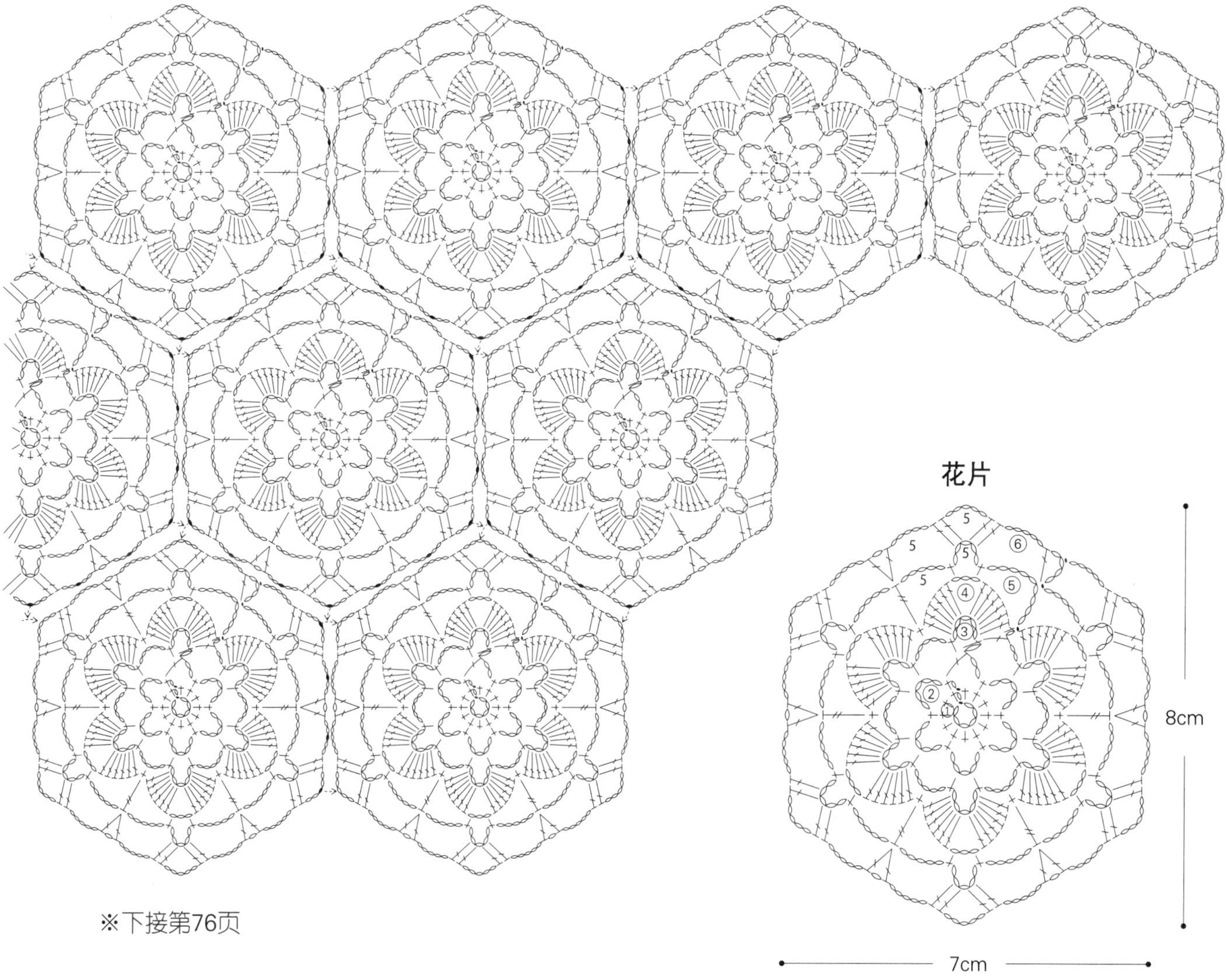

※下接第76页

21 ※上接第75页

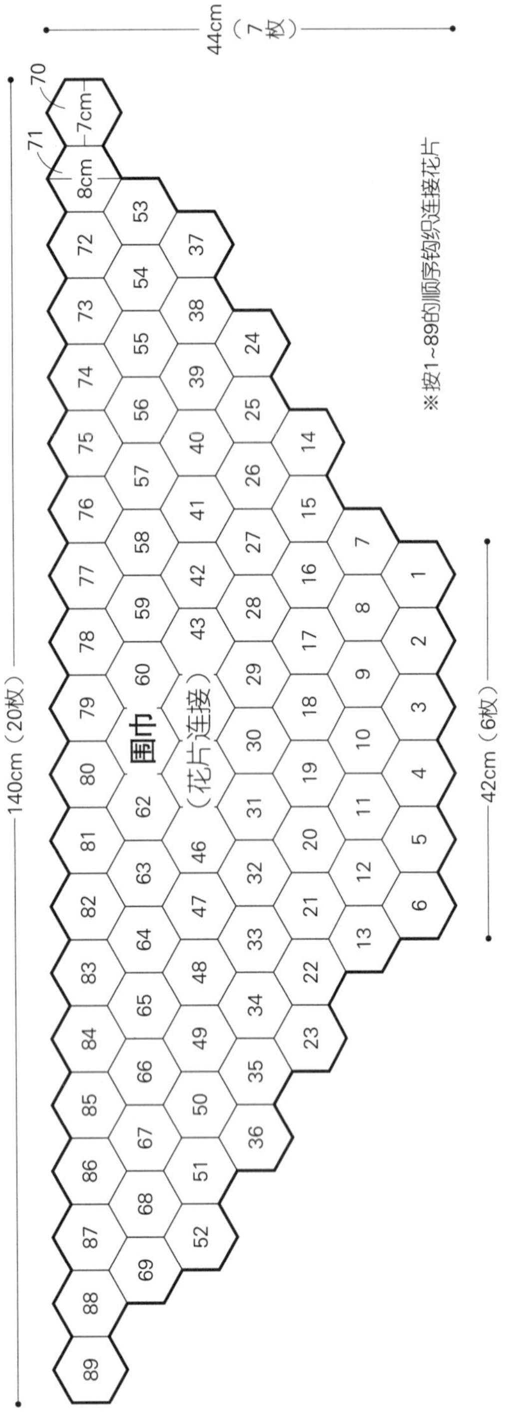
44cm（7枚）
7cm
8cm
围巾
（花片连接）
140cm（20枚）
42cm（6枚）
※按1~89的顺序钩织连接花片

（14花）挑针
（穗带）
4cm
0.5cm
0.5cm
（1行）
（1行）
异域风长围巾
（花样编织）
（长针编织）
430针挑针
120cm
（133行）
34cm（17花+1针），锁针171针起针
（穗带）
4cm
（14花）挑针
※花＝个花样

22

异域风长围巾

作品第 24 页

[准备材料] 线…DARUMA 金银丝蕾丝线 #30 银色和黑色混杂（7）110g/6 团 针…蕾丝针 2 号

[成品尺寸] 宽 35cm、长 120cm、穗带长 4cm

[密度] 10cm×10cm 面积内：花样编织 5 个花样，11 行

[钩织方法顺序]

1. 钩织锁针 171 针起针，钩织 2 针锁针的立针，挑起锁针的里山开始钩织。第 3 行的 3 针长针是将上一行锁针的针目分开挑起钩织。

2. 端头的长针接花样编织继续钩织，每 4 行按 13 针的比例挑针钩织。

3. 穗带先钩织 12 针锁针 +1 针锁针的立针和 4 针锁针，在立针上钩织爆米花针，然后钩织 4 针锁针，在同一立针中引拔钩织，钩织 12 针锁针，完成 1 个花样。

4. 另一侧的端头也是和左端同样要领钩织长针，钩织收尾侧的穗带后完成。

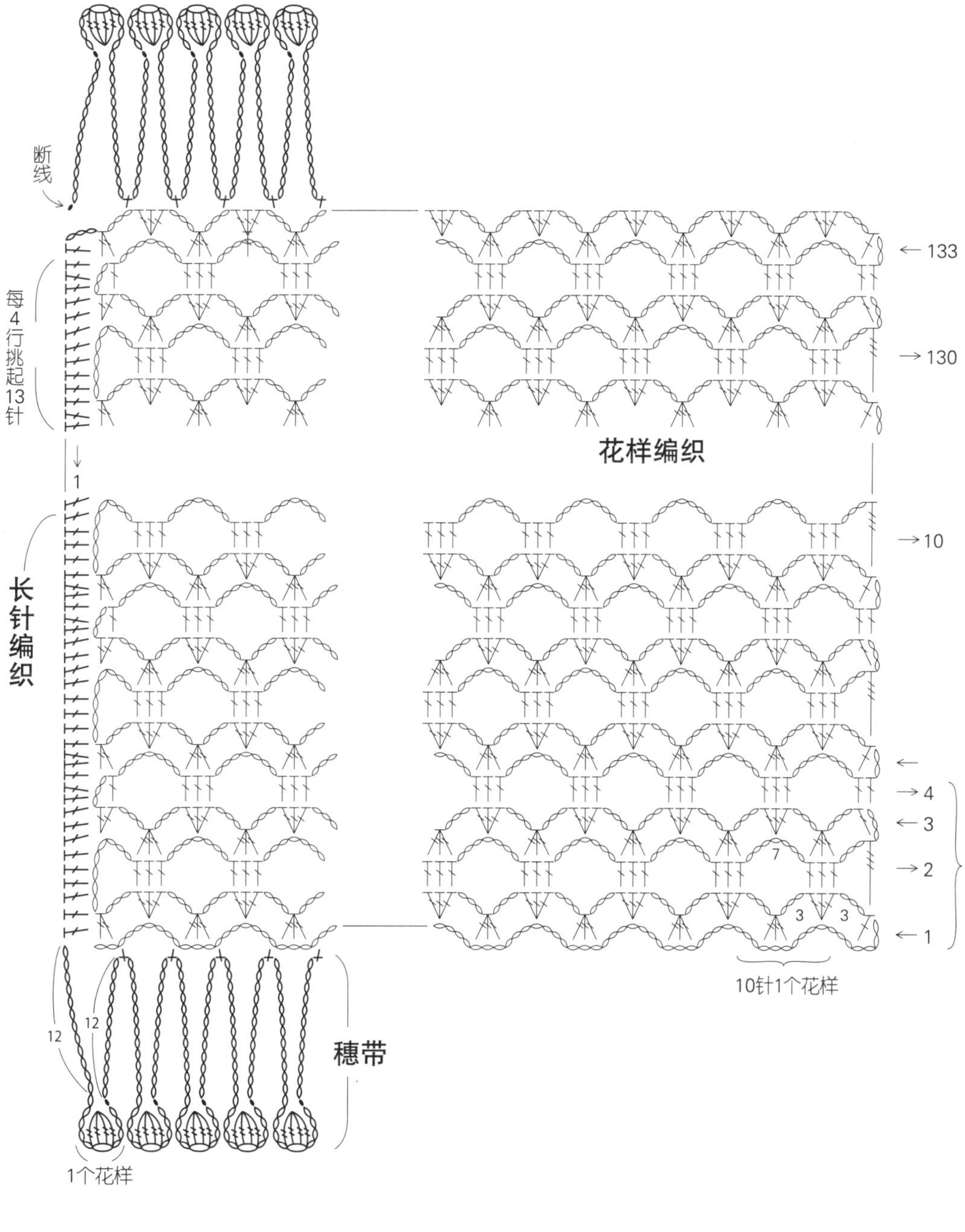

23

古典风三角围巾

作品第 25 页

[准备材料] 线…DARUMA 绢丝蕾丝线 #30 淡茶色（4）50g/3 团

配件…珍珠串珠直径 7mm 1 颗、直径 4mm 7 颗

针…蕾丝针 4 号

[成品尺寸] 宽 130cm、长 35cm

[密度] 10cm 长度内：花样编织 12.5 行

[钩织方法顺序]

1. 古典风三角围巾锁针起针后往返钩织花样编织，且在两端加针。

2. 第 43 行是在松叶针中心的针目上钩织 3 针狗牙针。

3. 花片的花 A 与花 C 在中心钩织 6 针锁针、花 D 在中心钩织 10 针锁针做成圆环起针，花 B 做绕线圆环起针，然后开始钩织，将上一圈的锁针成束挑起钩织。

4. 叶是钩织锁针 11 针起针，挑起锁针的半针钩织，另一侧是挑起起针锁针剩下的半针钩织短针的菱形针，一边跳过针目一边钩织。

5. 在指定位置对称地缝合花片，在花片的中心位置缝合珍珠串珠。

6. 调整形状后完成。

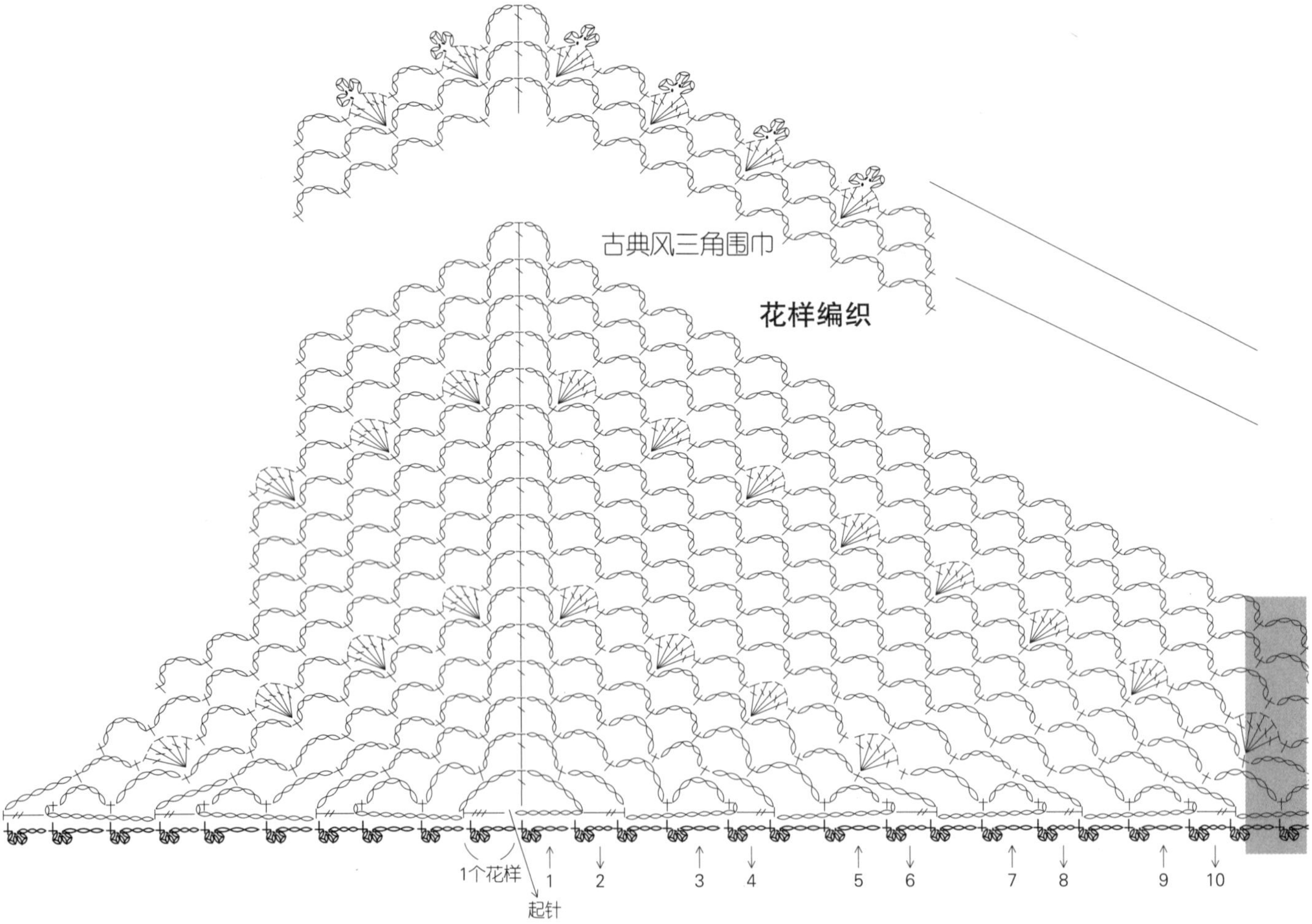

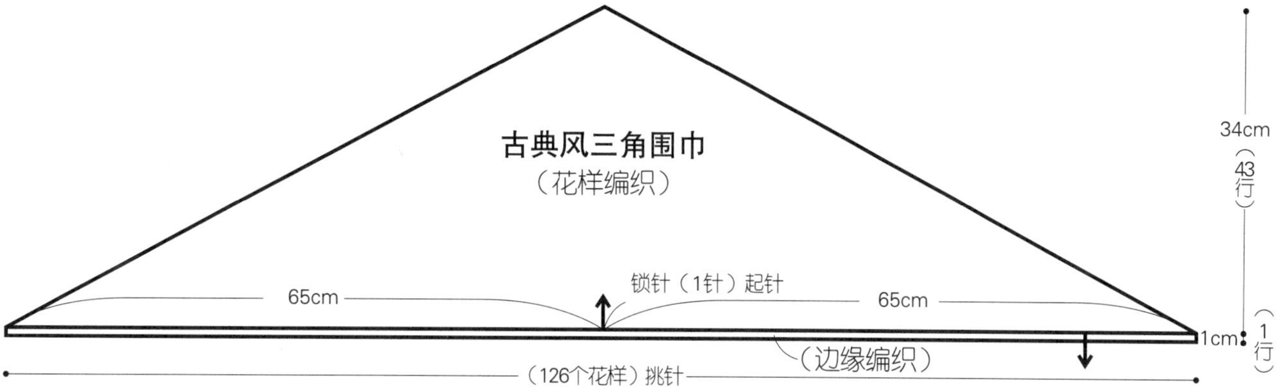

花片缝合位置

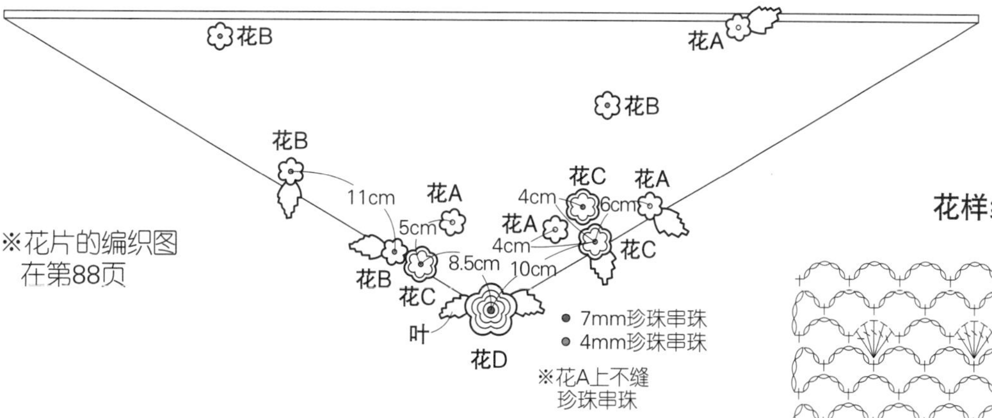

※花片的编织图
在第88页

花样编织

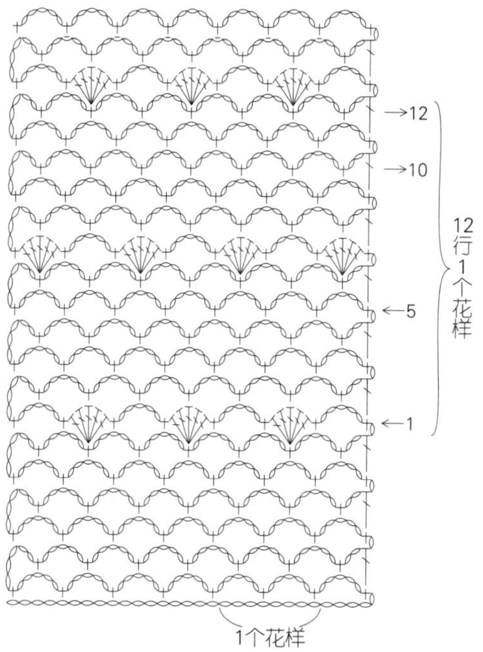

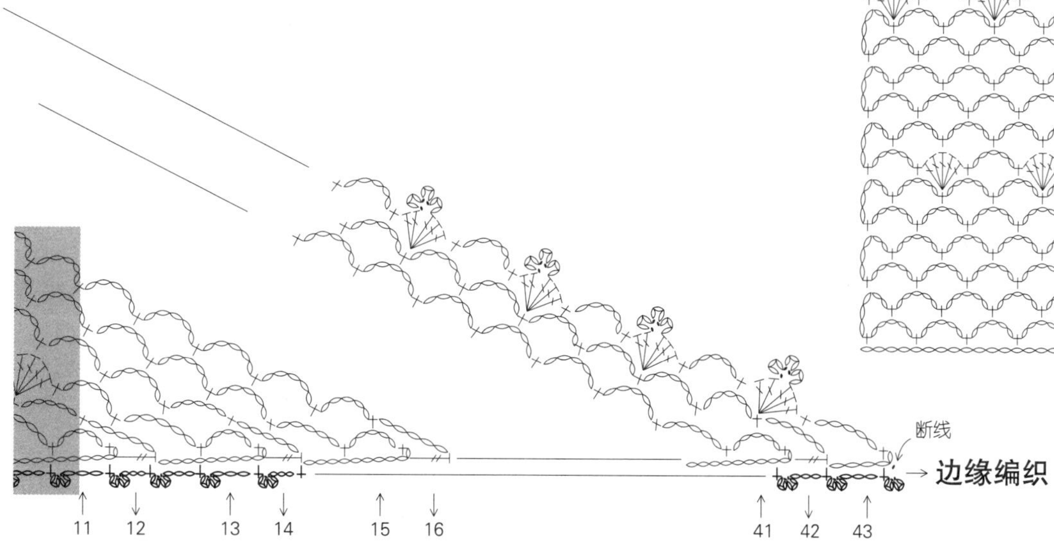

= 重叠部分

24、25

玫瑰花小桌垫和玫瑰花杯垫

作品第 26 页

[准备材料] 线…DARUMA 蕾丝线 #30 灰白色（15）（小桌垫 11g、杯垫 4g）25g/ 团，薰衣草色（18）（小桌垫 2g、杯垫 1g）3g/ 团，灰橄榄色（19）（小桌垫 9g、杯垫 2g）11g/ 团

针…蕾丝针 4 号

[成品尺寸] 参照图

[密度] 10cm × 10cm 面积内：花样编织 A、B 相同 14 个网格，15 行

[钩织方法顺序]

1. 小桌垫、杯垫钩织锁针起针，然后挑起锁针的半针和里山如图所示开始钩织。

2. 边缘编织参照图示钩织。

3. 花片的小叶、大叶、叶做绕线圆环起针后开始钩织，大花钩织锁针 15 针起针、小花钩织锁针 11 针起针，和本体用同样要领挑针钩织所需形状。

4. 在指定位置缝合花片后完成。

小桌垫（花样编织A）
灰白色

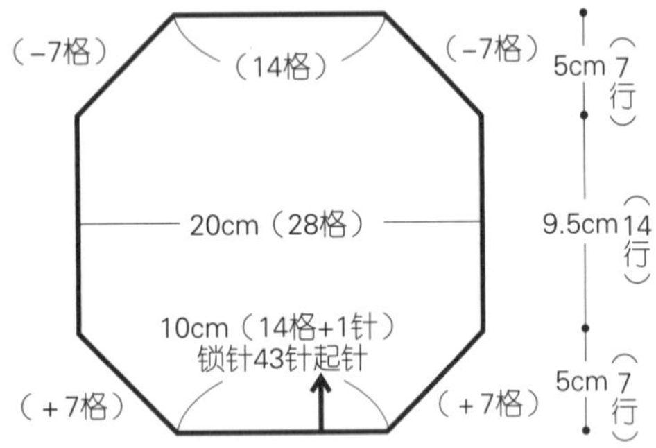

缘（边缘编织）参照图
灰橄榄色

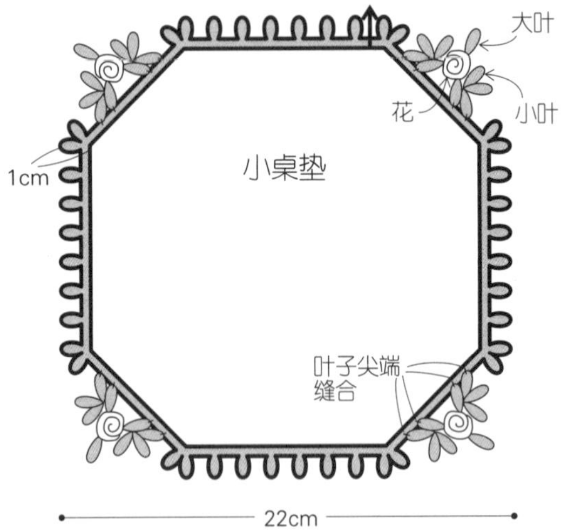

缘（边缘编织）参照图
灰橄榄色

杯垫（花样编织B）
灰白色

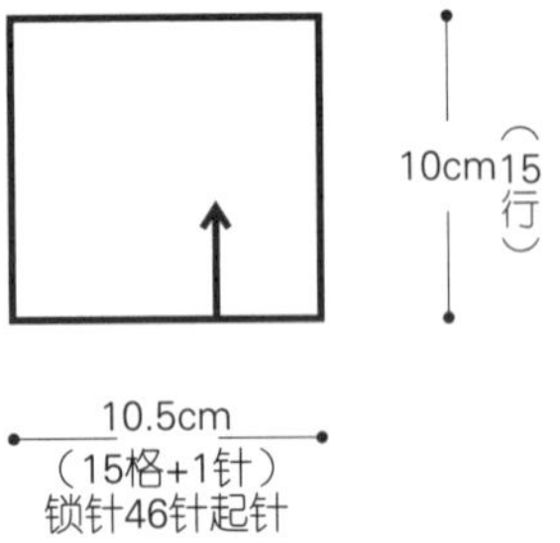

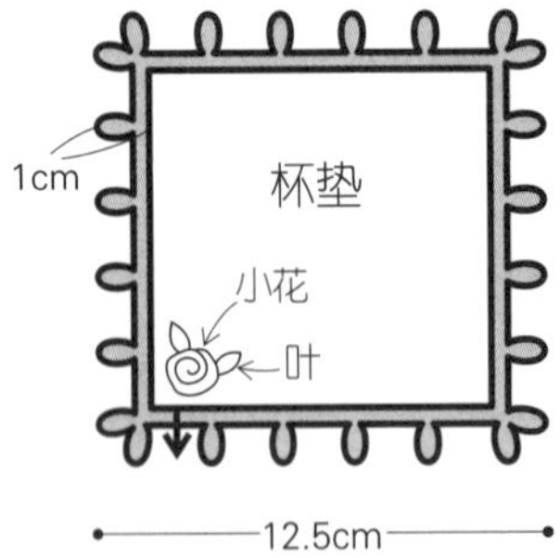

大花　薰衣草色　4枚

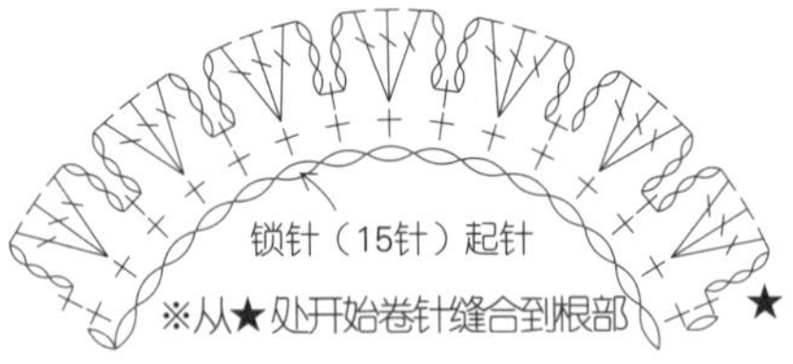

※从★处开始卷针缝合到根部

花片

小花　薰衣草色　1枚

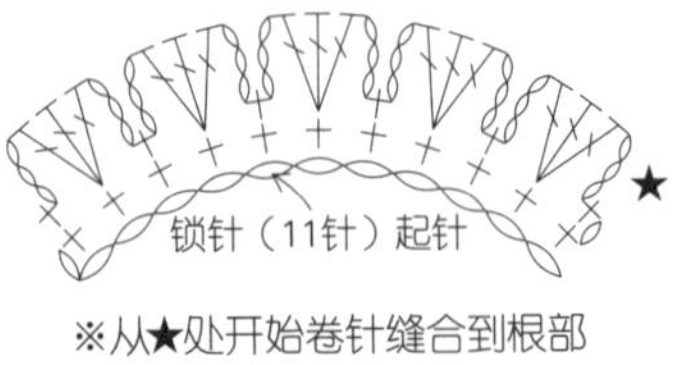

※从★处开始卷针缝合到根部

叶　灰橄榄色　1枚

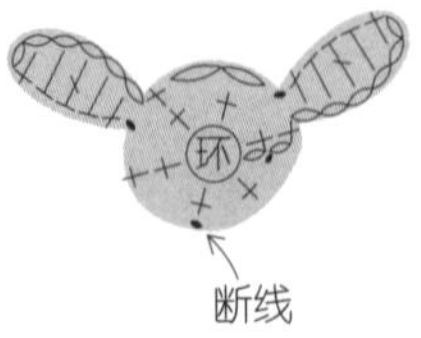

大叶　4枚
灰橄榄色

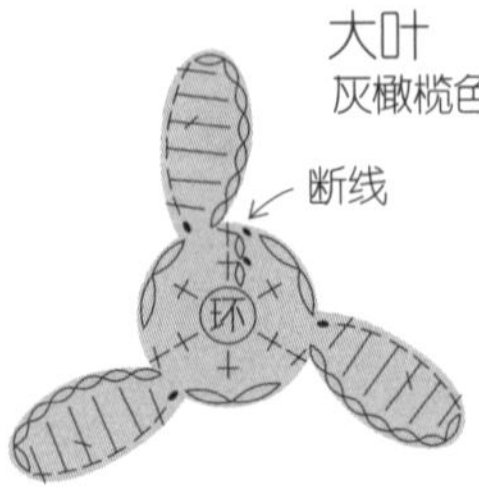

小叶　8枚
灰橄榄色

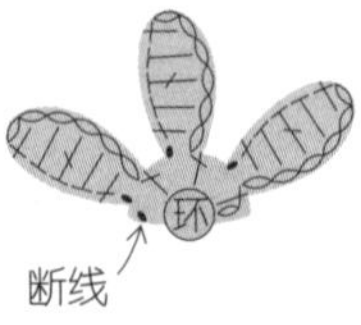

※将卷起缝合的花放到大叶、叶上，
在叶中心的圆环上缝合

小桌垫

花样编织A

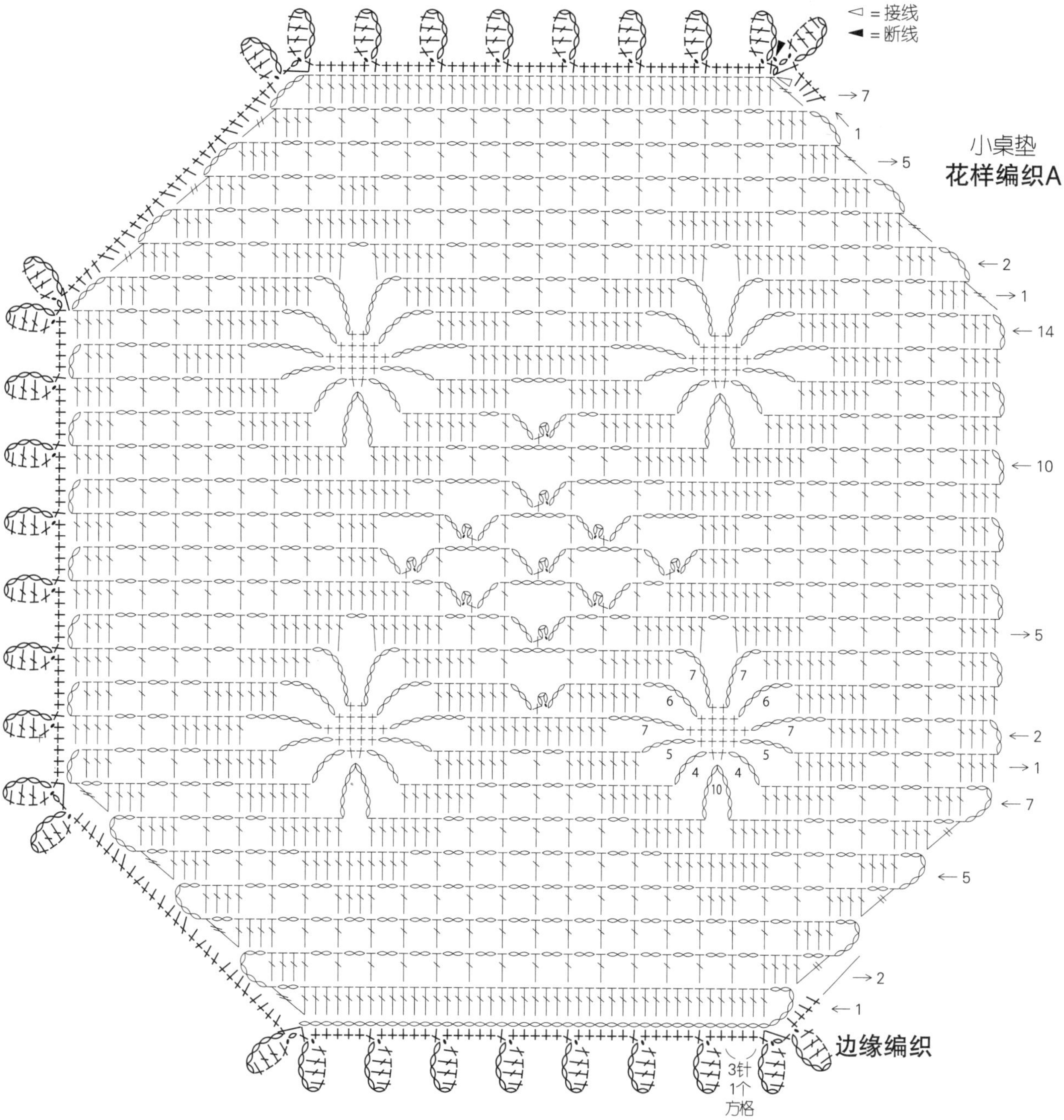

※杯垫的编织图在第88页

26

华美的桌垫和杯垫

作品第 27 页

[准备材料] 线…DARUMA 蕾丝线 #40 象牙白色（3）桌垫 60g、杯垫（2 枚）6g

针…蕾丝针 6 号

[成品尺寸] 参照图

[钩织方法顺序]

1. 桌垫在中心做绕线圆环起针，第 1 圈钩织 [3 针长针的枣形针、13 针锁针，在 13 针锁针的第 4 针上钩织引拔针、3 针锁针] 8 次。

2. 第 2~6 圈把上一圈的锁针成束挑起钩织，第 7 圈在针目和针目之间挑起钩织。

3. 用同样要领钩织到第 31 圈。

4. 杯垫的 4 圈与桌垫的前 4 圈钩织方法相同。

5. 桌垫和杯垫的钩织形状调整后完成。

桌垫（花样编织）

花片

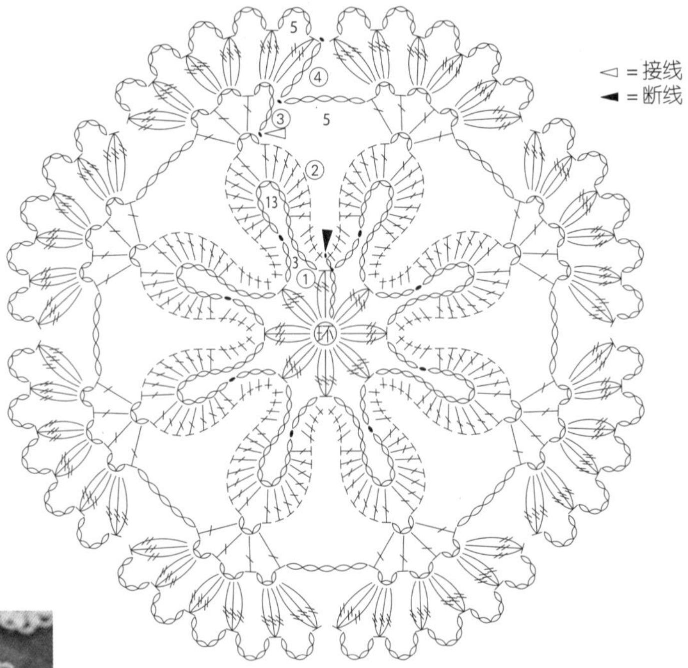

杯垫 2枚
（花片）

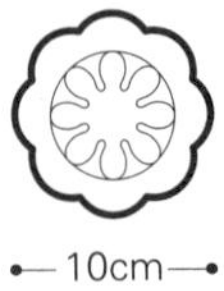

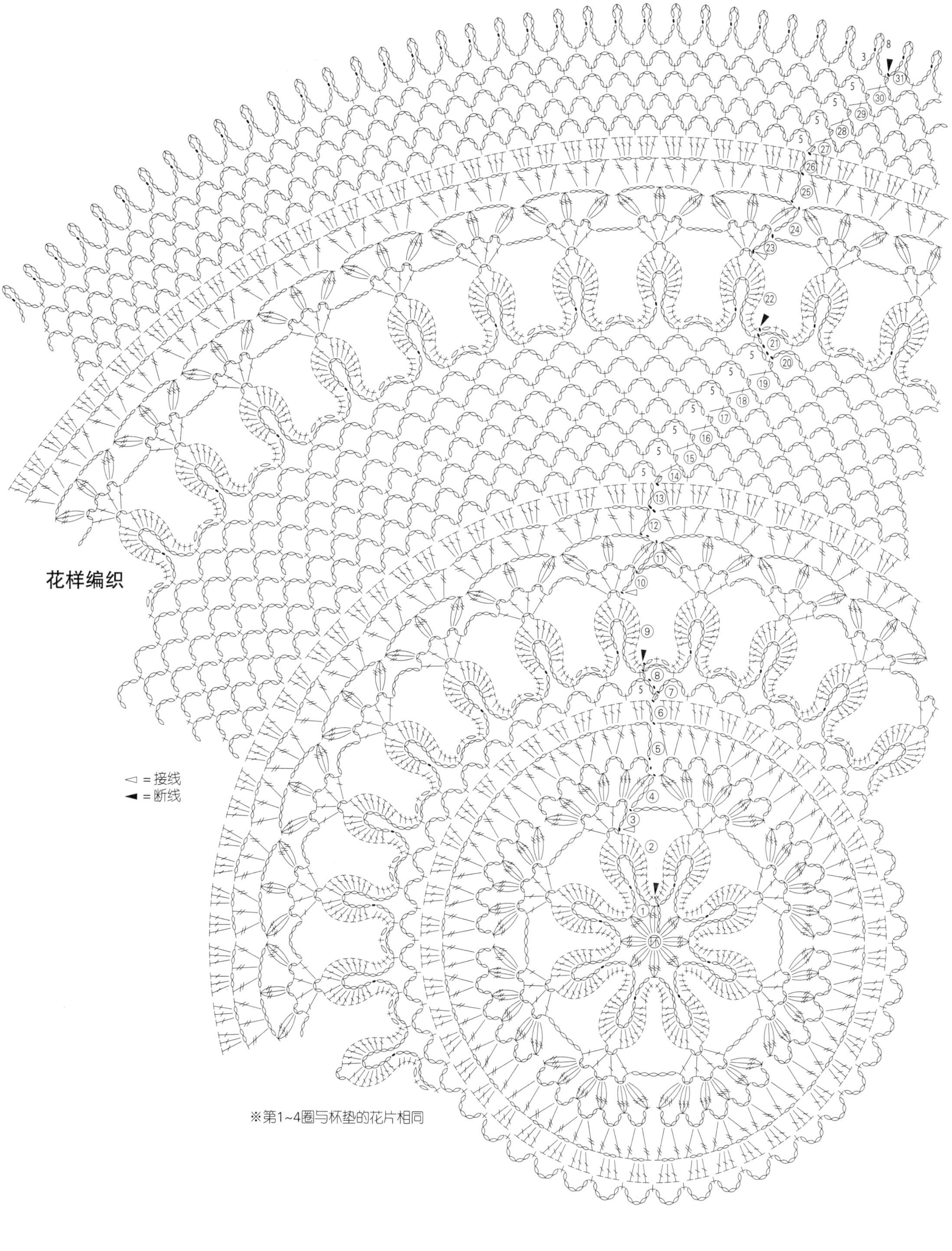

花样编织
◁ = 接线
◀ = 断线
※第1~4圈与杯垫的花片相同

27

小桌垫和杯垫

作品第 29 页

[准备材料] 线…DARUMA 蕾丝线 #40 灰白色（2）小桌垫 50g、杯垫（2 枚）5g

针…蕾丝针 6 号

[成品尺寸] 参照图

[密度] 花片直径 A 10.5cm 、B 3cm

[钩织方法顺序]

1. 花片 A 在中心做绕线圆环起针后开始钩织，将上一圈的锁针成束挑起钩织。
2. 小桌垫的中心部分是将花片 A 按照 1~7 的顺序如图所示用短针钩织连接。外侧之间的部分是用花片 B 填充。
3. 花片连接后的周边进行花样编织，如图所示将上一圈的锁针成束挑起钩织，钩织至第 16 圈。
4. 小桌垫的钩织形状调整后完成。
5. 杯垫按花片 A' 的编织图钩织 10 圈。

小桌垫（花片连接）

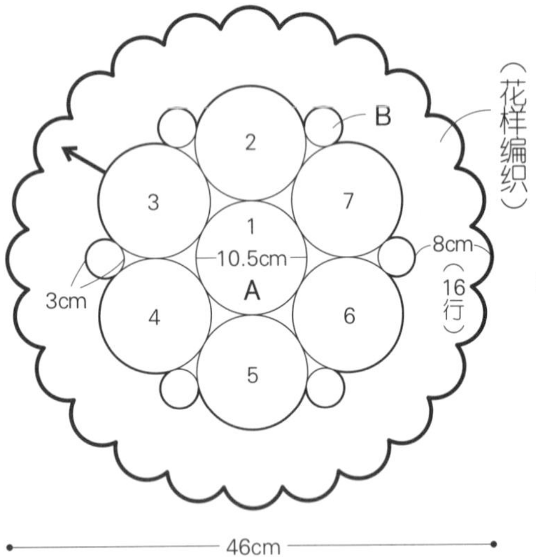

杯垫

（花片A'）

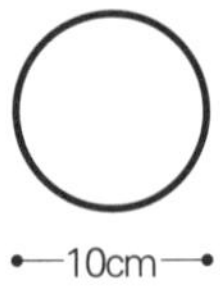

※花片A' 是钩织到花片A的第10圈

※花片A按1~7的顺序钩织连接，使用花片B填满中间的空隙

花片B

花片A、A'

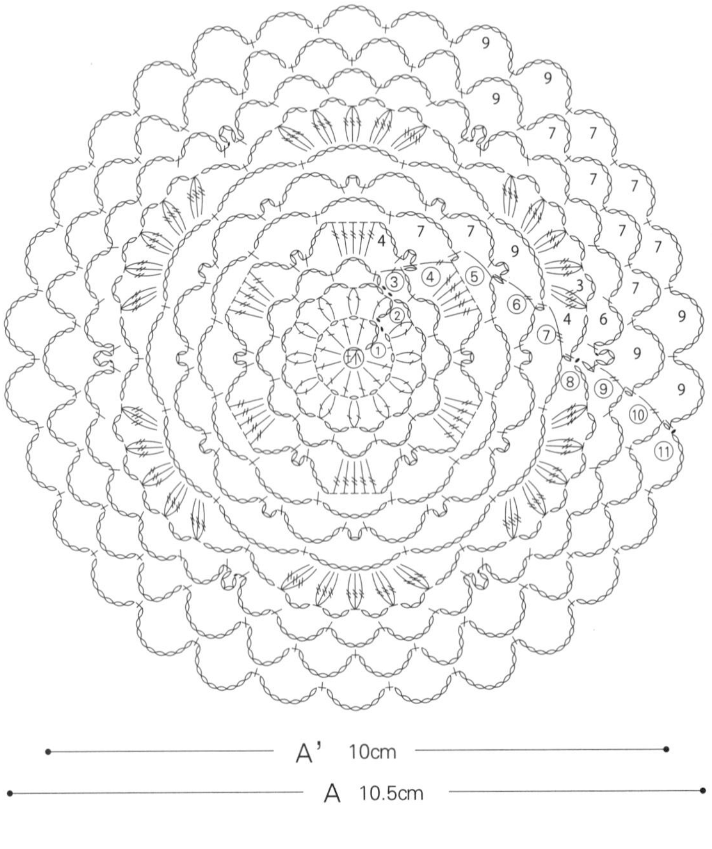

花样编织

花片连接方法

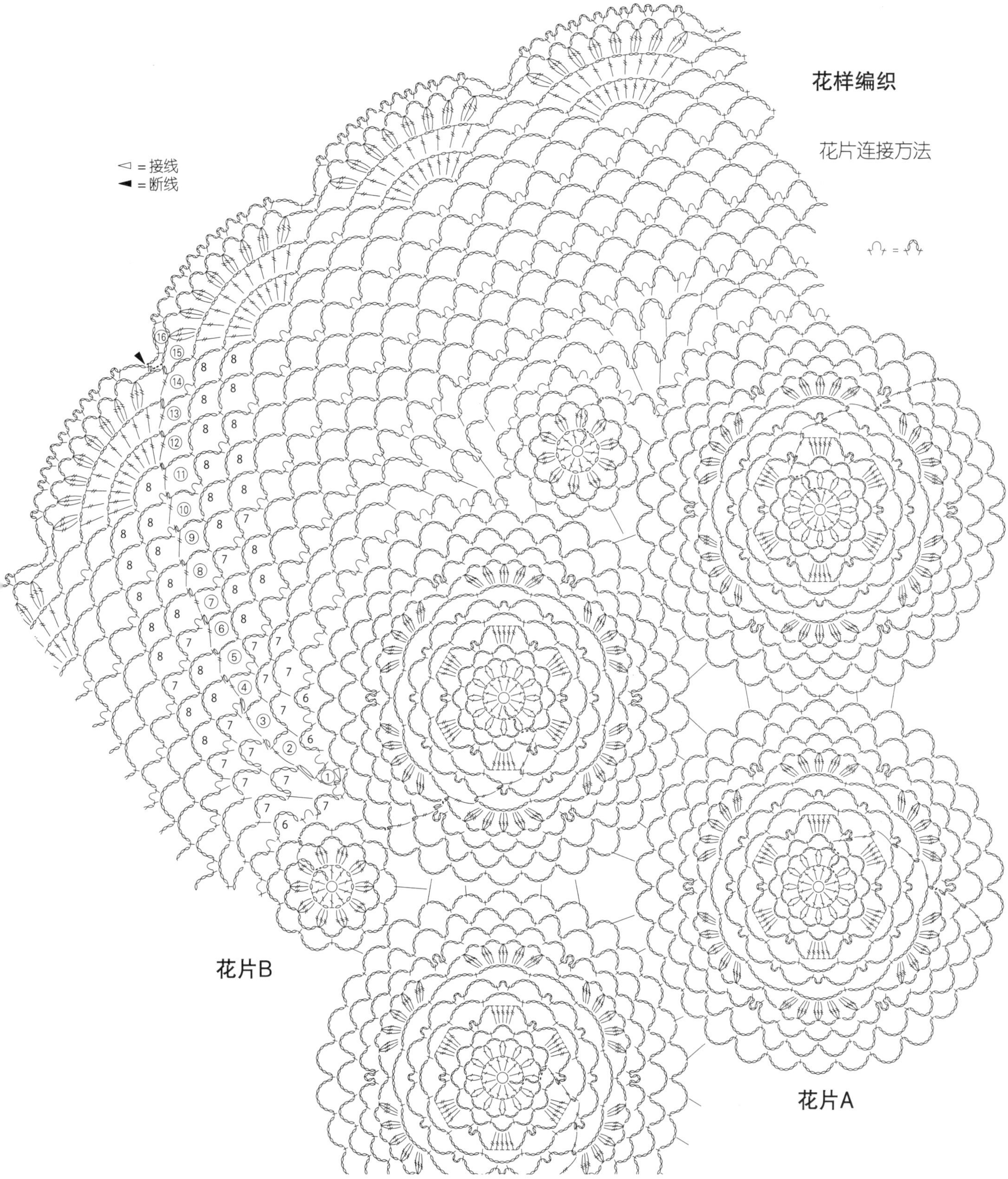

28

自然风长台布

作品第 30 页

[准备材料] 线…DARUMA 亚麻蕾丝线 #30 a 沙米色（9）、b 本白色（2）、c 米色（3）各 70g/ 各 4 团

配件…麻布 55cm×40cm

针…蕾丝针 0 号、2 号

[成品尺寸] 饰边宽 a 6cm 、b 5cm、c 7cm，桌垫 62cm×47cm

[钩织方法顺序]

在饰边编织完成后根据其尺寸剪裁基础布较好。

饰边 a、b、c 都是使用 0 号蕾丝针起针，花样编织时用 2 号蕾丝针钩织。

饰边 a 钩织锁针 536 针起针，钩织 3 针锁针的立针，挑起锁针的半针和里山进行方格编织。花样编织 A 每行改变织片方向、成束挑起上一圈的锁针钩织。制作基础布，饰边放到基础布上，用缝纫机缝合。

饰边 b、c 钩织所需尺寸的锁针起针后，挑起锁针的里山开始钩织。

花样编织C 饰边 c

◁ = 接线
◀ = 断线

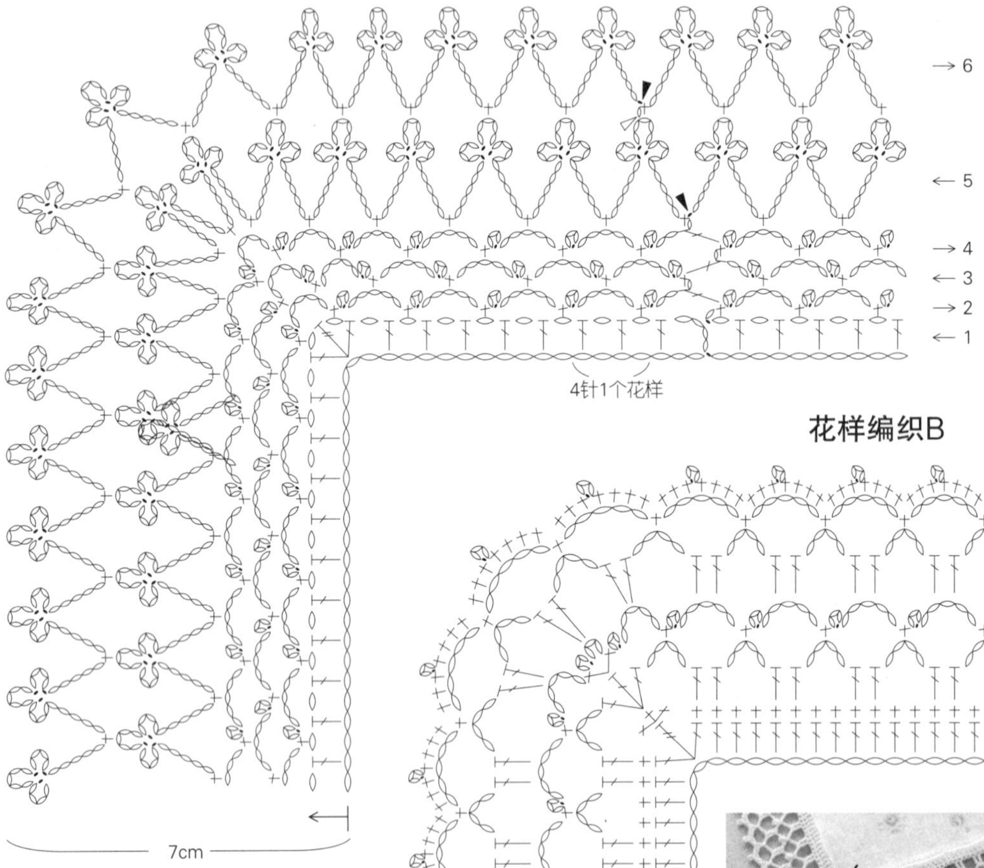

花样编织B 饰边 b

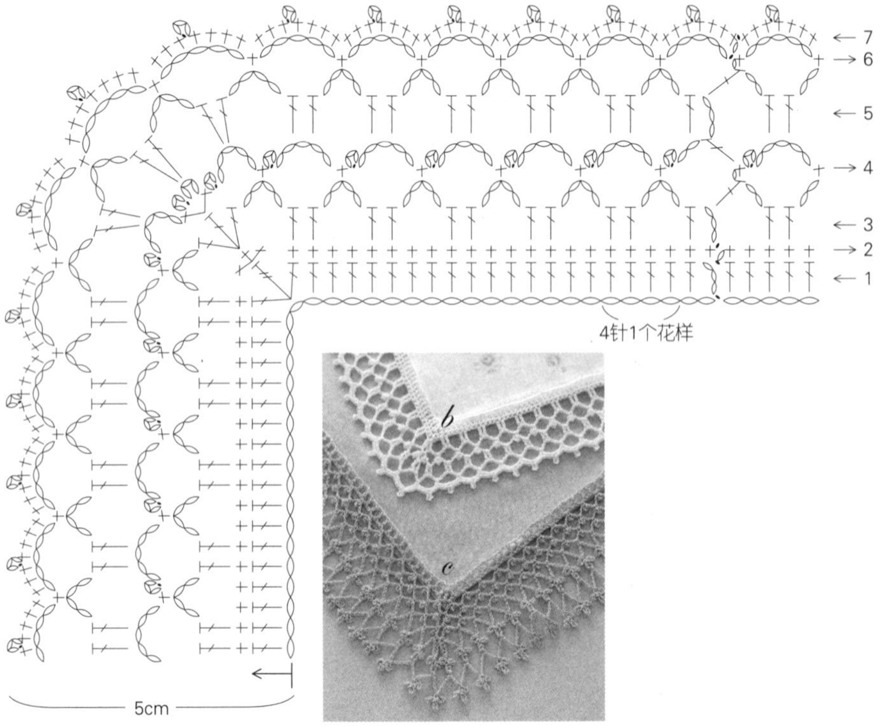

花样编织A

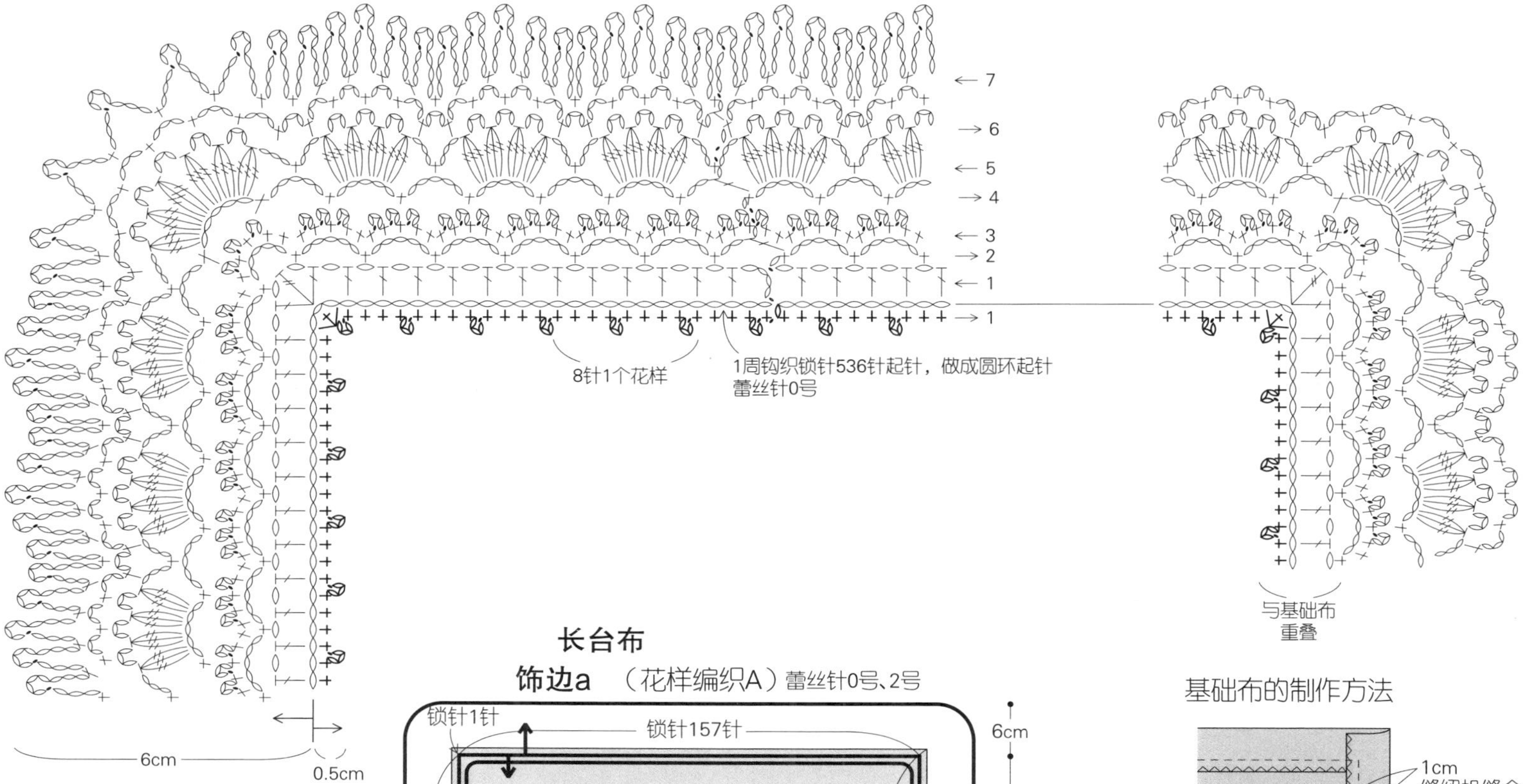

长台布

饰边a （花样编织A）蕾丝针0号、2号

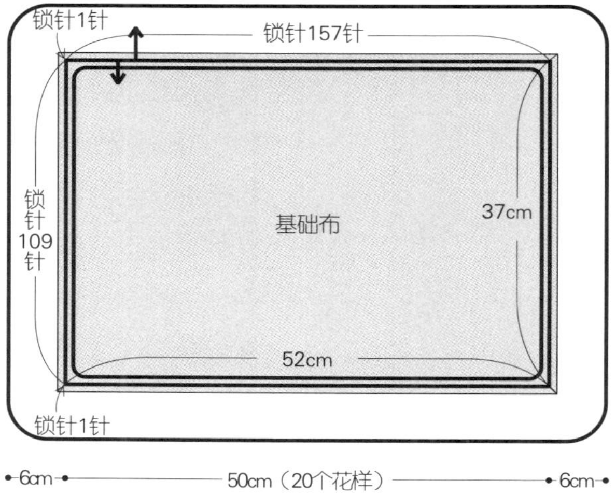

基础布的制作方法

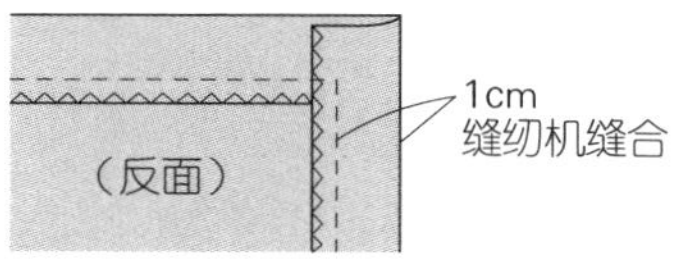

①处理麻布55cm × 40cm（包含1.5cm缝份）的端头，折成所需要尺寸，用缝纫机缝合

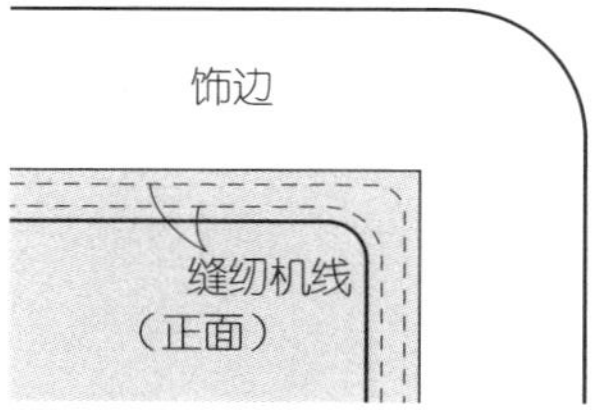

②将饰边放到基础布的正面，在短针的位置机缝一根线

23

※上接第79页

花片

花 A　4枚

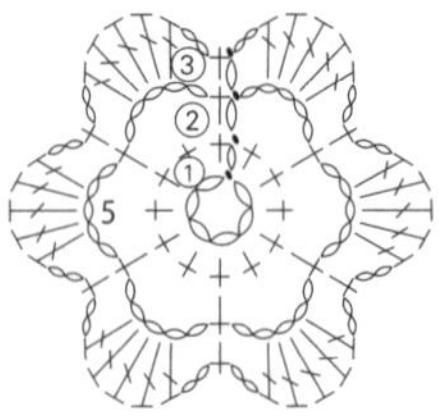

3.5cm

花 B　4枚

约大于3cm

花 C　3枚

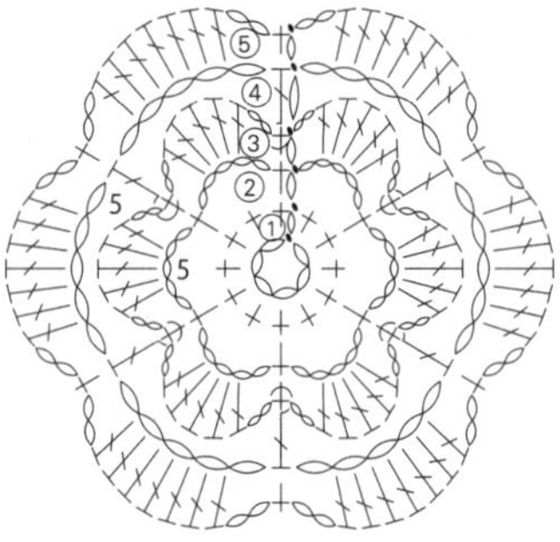

4cm

花 D 1枚

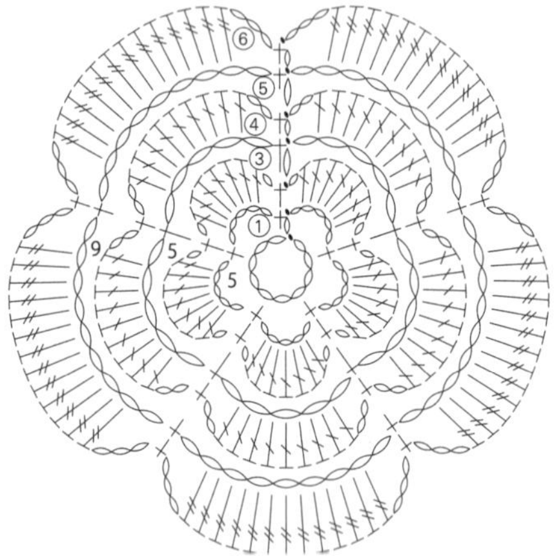

6cm

叶　6枚

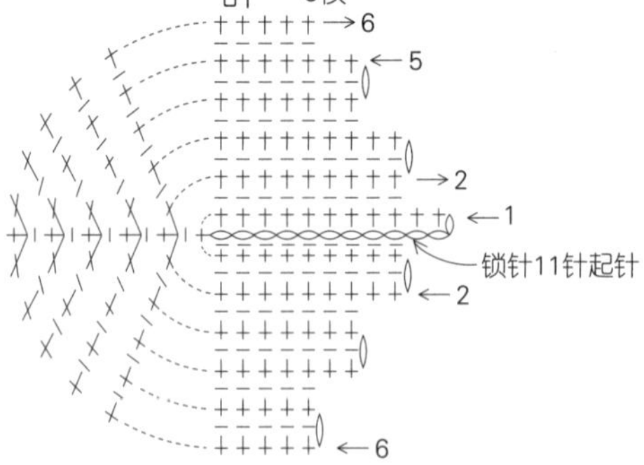

大于4cm

※花B、花C是在中心位置缝合4mm的珍珠串珠，花D缝合7mm的珍珠串珠

25

※上接第80页

杯垫　**花样编织B**

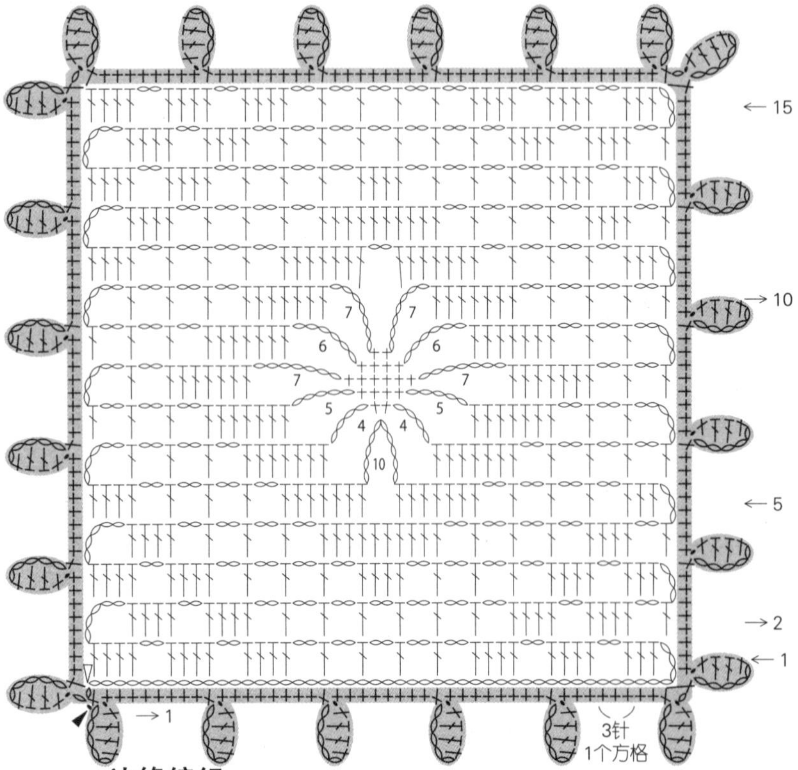

边缘编织

长针的十字针

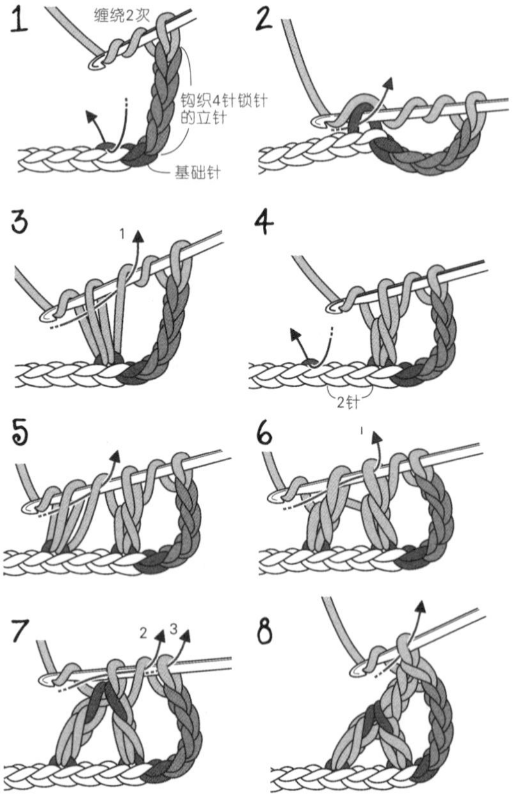

29

餐布

作品第 31 页

[准备材料] 线…DARUMA 蕾丝线 #40 红色（15）8g（左右 2 根）/ 团

配件…市面销售的餐布 28cm × 40cm

针…蕾丝针 6 号

[成品尺寸] 饰边宽 3.2cm、餐布 44cm × 28.6cm

[密度] 花样编织 11 针（宽 2cm），16 行（长 10cm）

[钩织方法顺序]

结合市面销售的餐布尺寸钩织饰边。

1. 钩织锁针 11 针起针，钩织 3 针锁针的立针，挑起锁针的半针和里山开始钩织。
2. 重复钩织第 1、2 行到第 43 行。
3. 继续钩织端头 1 行，以 1 行挑起 1 个方格的比例挑针钩织，在与中心对称的位置，从 1 行挑起 2 个方格钩织，然后断线。
4. 在钩织结尾的位置，接上新线按照编织图再钩织 1 行。
5. 缝合到餐布后完成。

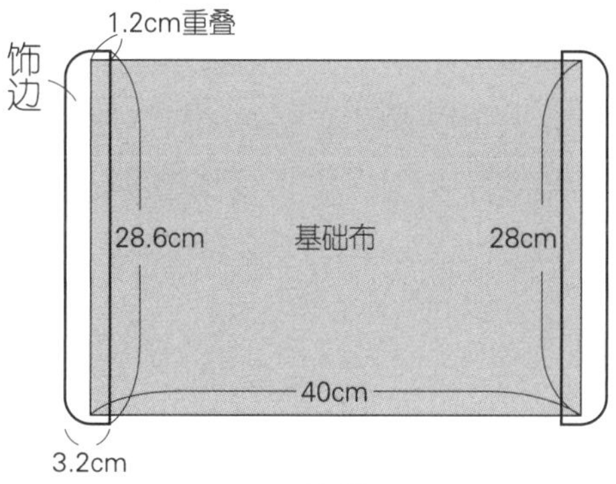

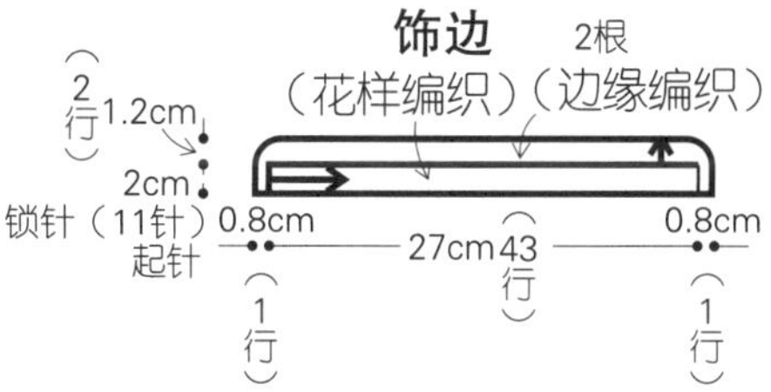

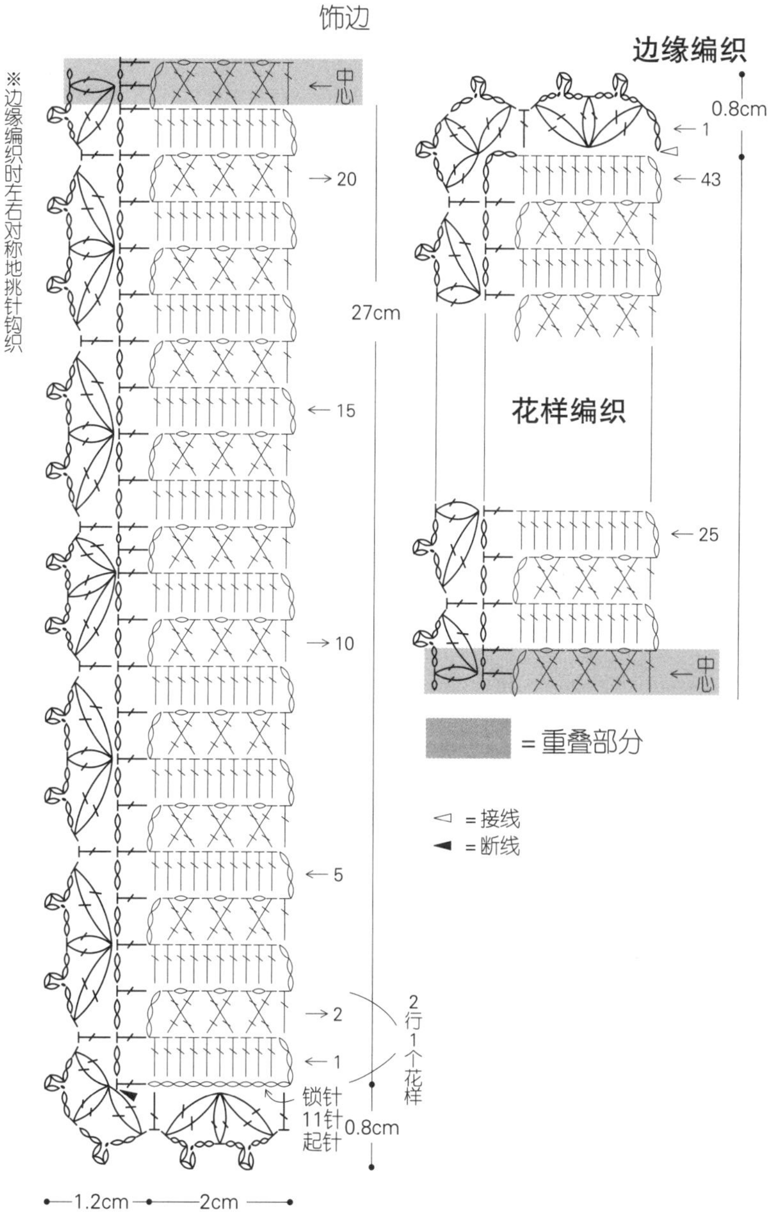

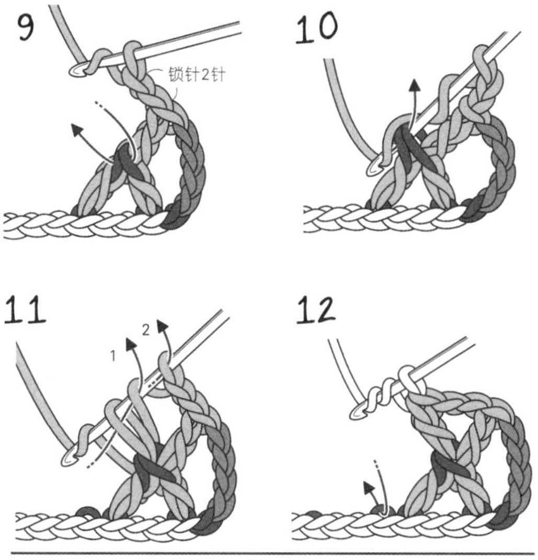

钩针编织的基础

针的拿法、线的挂法

●右手（针的拿法）　　●左手（线的挂法）

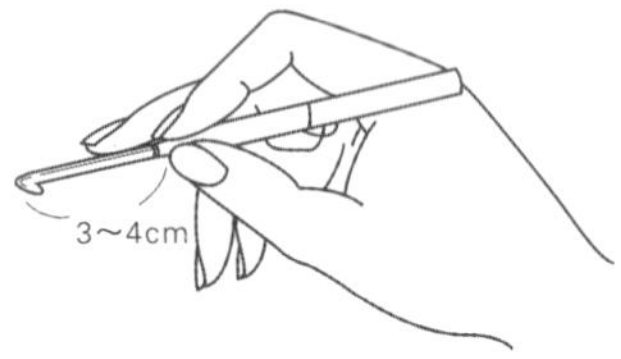

用大拇指和食指轻轻拿住，用中指辅助。

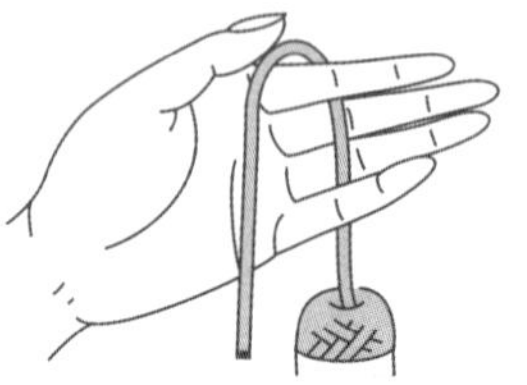

1 使线通过中间2根手指，将线球留到外侧。

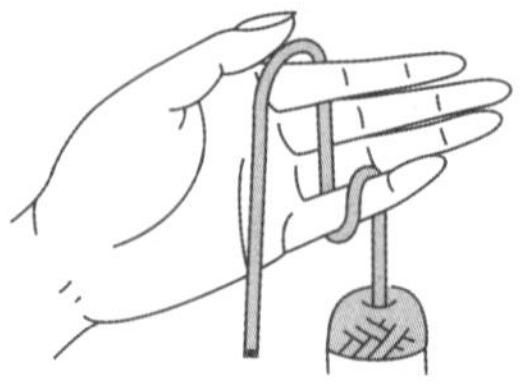

2 线细和线滑的时候，将线在小指上绕1圈。

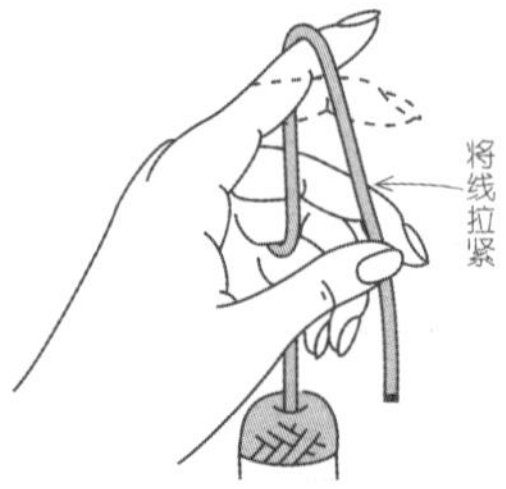

3 立起食指，将线拉紧。

最初起针的方法

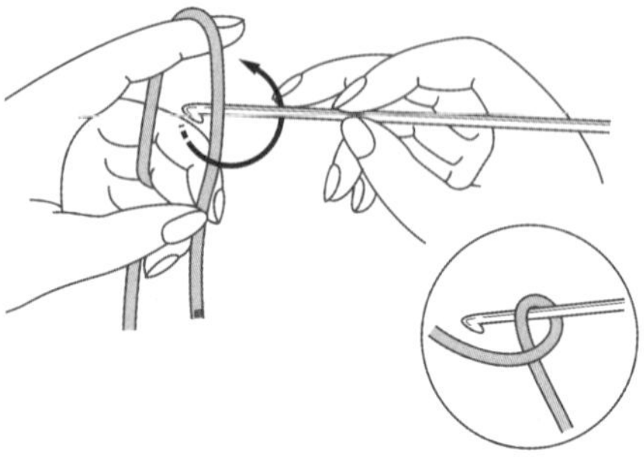

1 将针贴到线的外侧，如图所示将针转一圈，将线挂上。

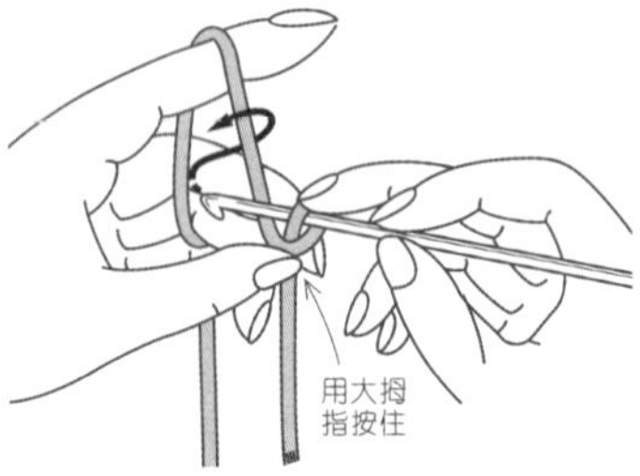

2 如箭头所示运针挂线。

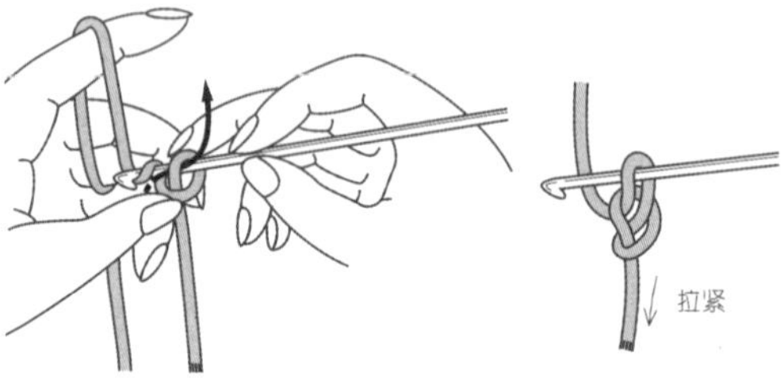

3 将线拉出。拉紧线头。此针不计入起针的针数。

锁针的钩织方法

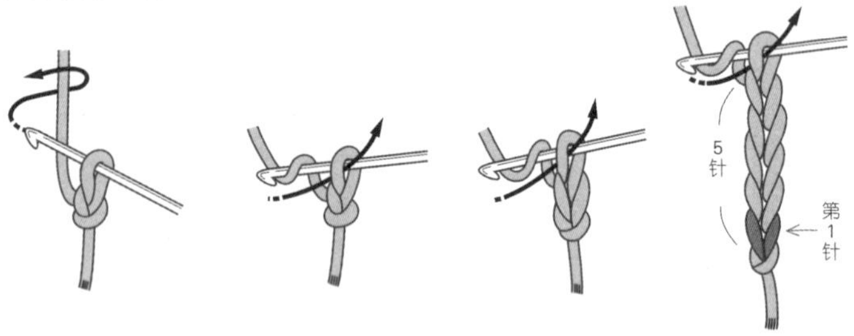

1 如箭头所示运针挂线。

2 将线从针上的线圈中拉出，钩织第1针锁针。

3 同样地挂线后拉出线圈。

4 完成5针锁针。

锁针起针后的钩织

●挑起里山

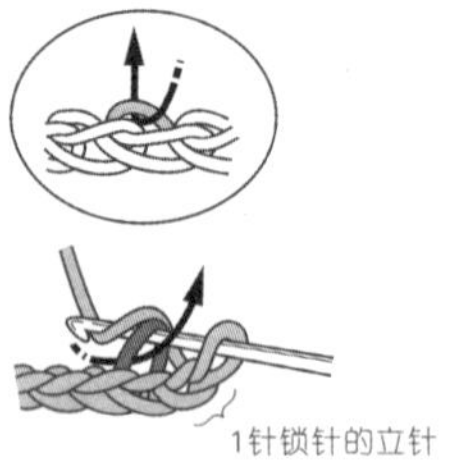

●挑起半针和里山

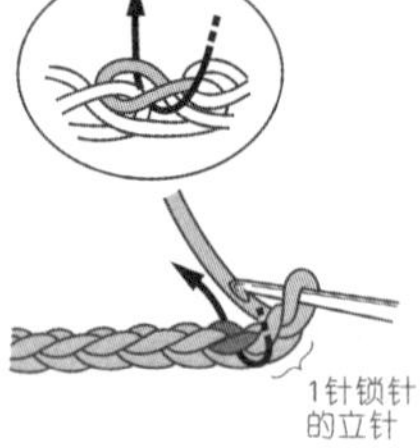

用锁针做圆环起针

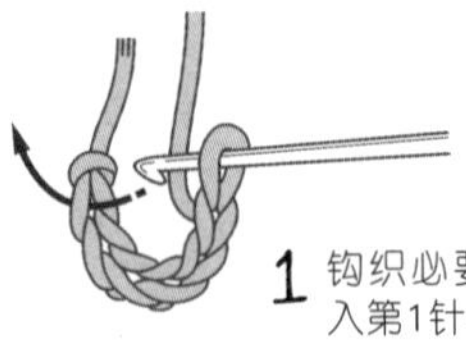

1 钩织必要针数的锁针，将针插入第1针锁针的半针和里山。

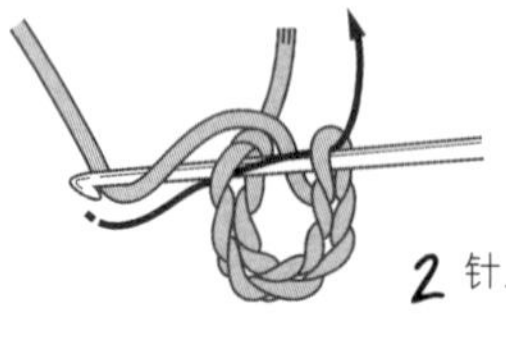

2 针上挂线后引拔穿出。

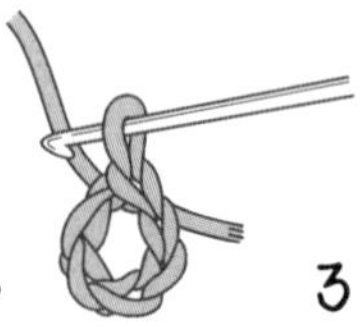

3 完成圆环起针。

用手指绕线做圆环起针

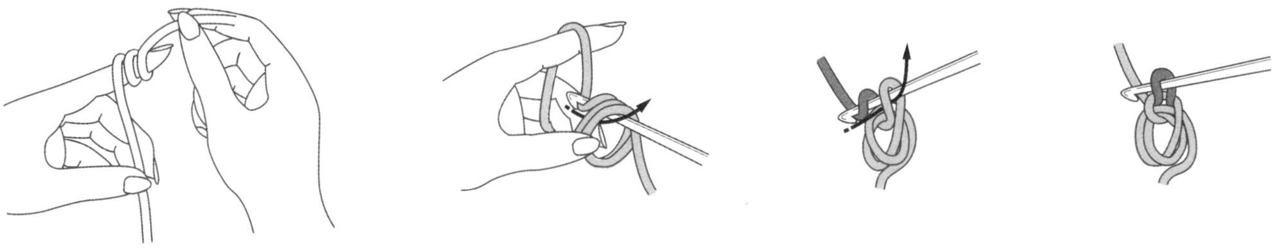

1 将线在手指上绕2圈。

2 将线圈从手指上脱出，将线挂在左手的食指上。将针插入线圈，然后挂线引拔穿出。

3 再次挂线后引拔穿出，将针目收紧。

4 完成圆环起针。

圆环起针后从中心开始钩织（短针）

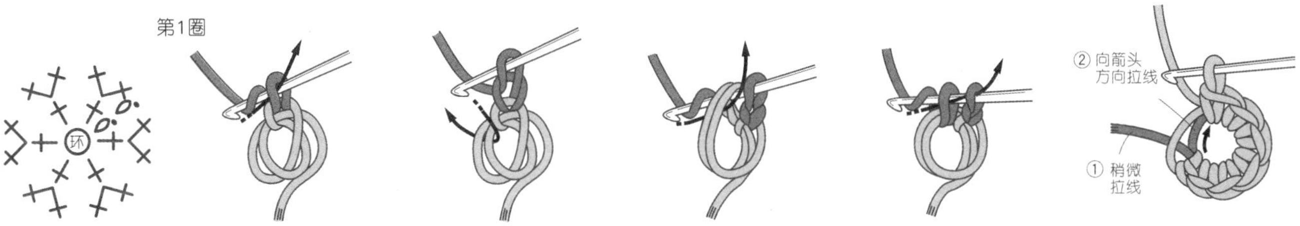

1 完成圆环起针后，继续在针上挂线，然后引拔穿出。

2 钩织出1针锁针的立针。接着钩织短针。

3 将针插入起针的圆环中，针上挂线后拉出线圈。

4 再一次挂线后引拔穿出。

5 完成6针短针。如图所示，一边一点一点地拉动线头，一边收紧线圈。

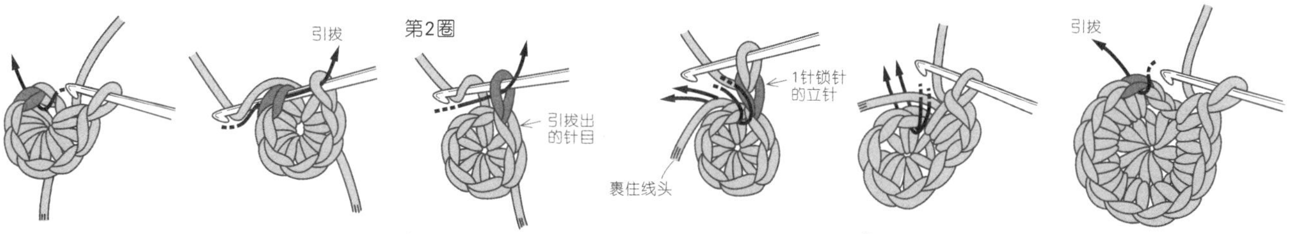

6 结尾时，将针插入最初短针的头部。

7 针上挂线后引拔穿出。

8 钩织1针锁针的立针。

9 挑起上一行短针的头部2根线，裹住线头在1针中钩织2针短针。

10 开始钩织时，贴着上一行针目的头部，裹住线头钩织三四针。

11 结尾时，将针插入最初的短针的头部，引拔钩织。

花片连接

用引拔针连接

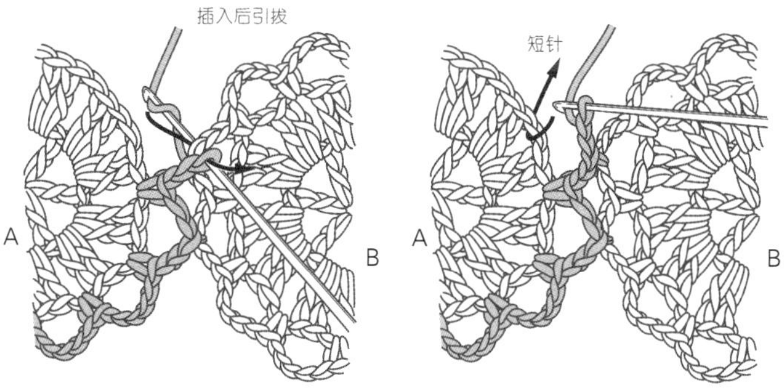

用短针连接

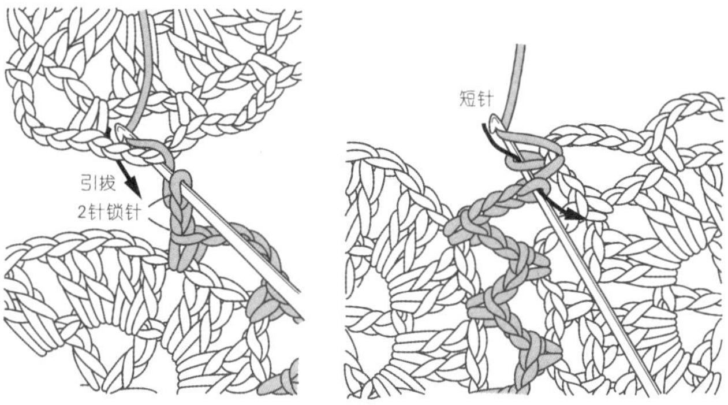

针法符号及钩织方法

引拔针

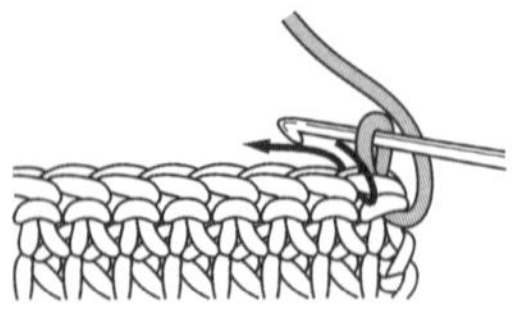

1 将针插入上一行锁针头部的2根线中。

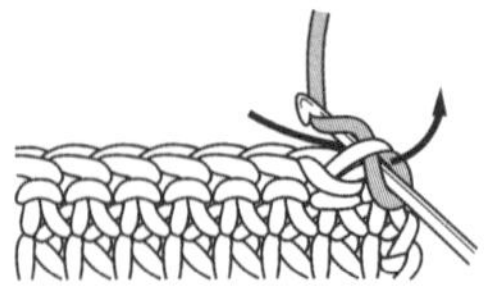

2 针上挂线，如箭头所示引拔穿出。

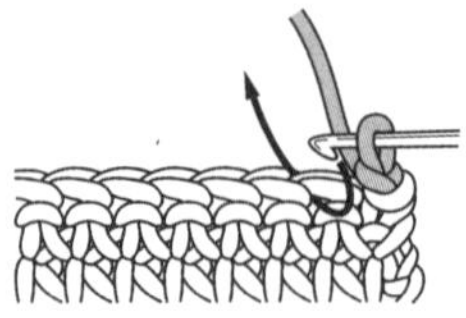

3 完成1针引拔针。

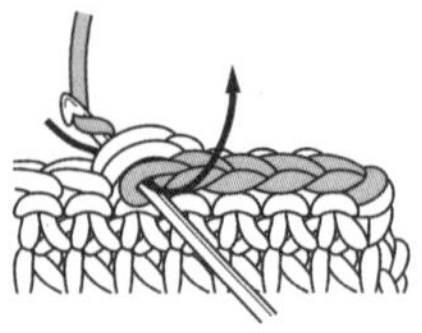

4 用同样方法继续钩织。

短针

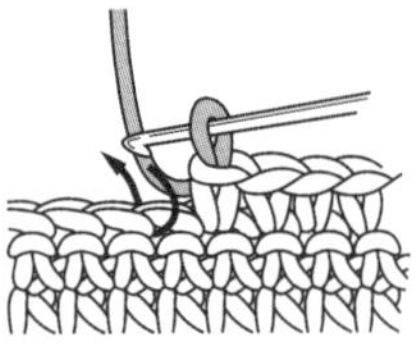

1 将针插入上一行锁针头部的2根线中。

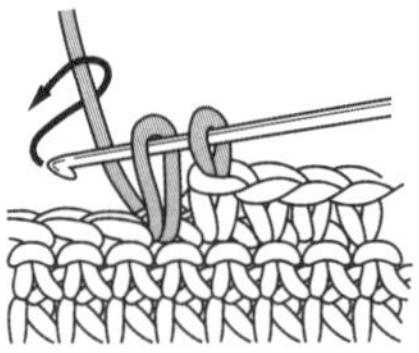

2 从外侧向内侧挂线，引拔拉出线圈，再次挂线。

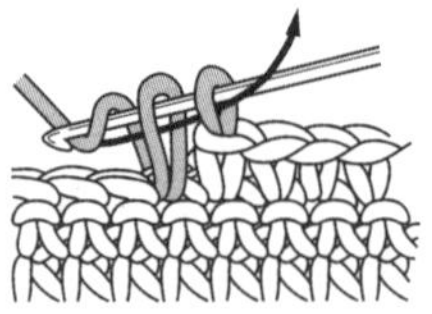

3 一次性引拔穿出2个线圈。

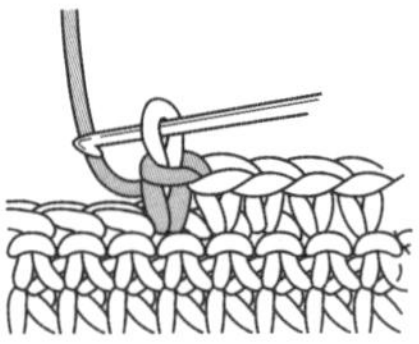

4 完成1针短针。

短针2针并1针

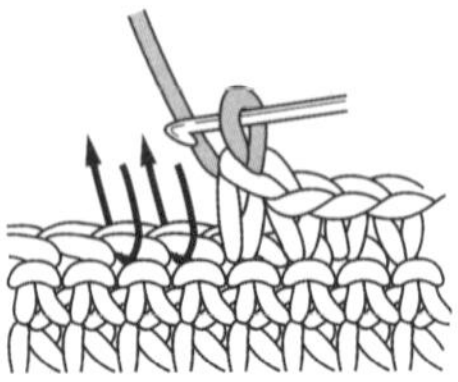

1 在上一行的2针中各钩织1针未完成的短针。

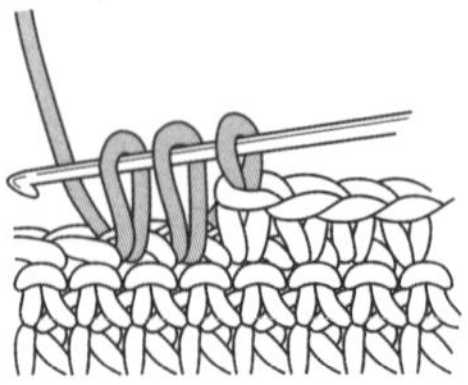

2 钩织了2针未完成的短针。

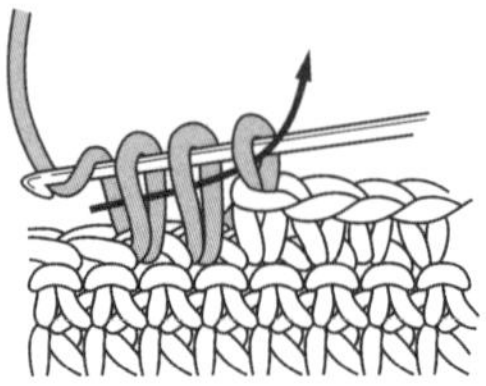

3 针上挂线，如箭头所示一次性引拔穿出3个线圈。

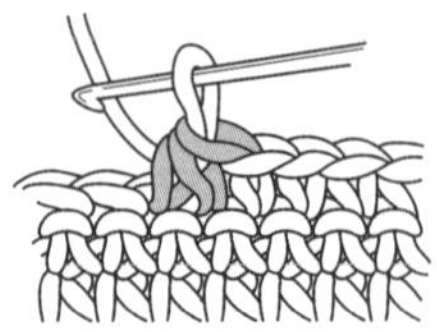

4 短针2针并1针完成。与上一行相比少1针。

短针的菱形针

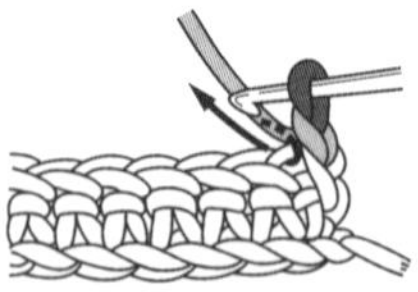

1 将针插入上一行针目外侧的半针中。

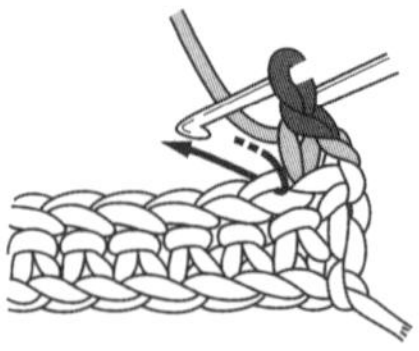

2 钩织短针，按同样的入针方法钩织下一针。

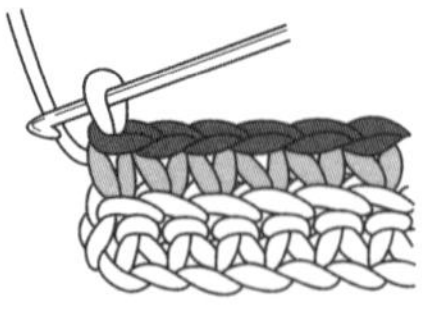

3 钩织到行尾时，调换织片的方向。

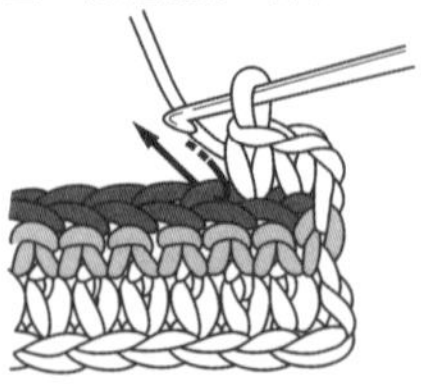

4 和上一行一样将针插入针目外侧的半针钩织短针。

长针

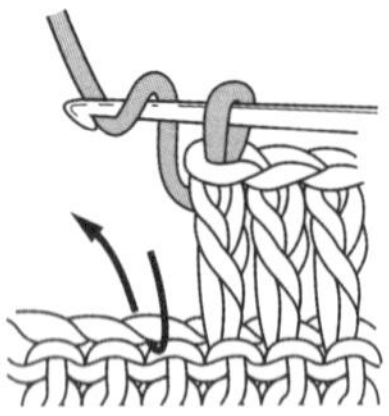

1 针上挂线，将针插入上一行针目头部的2根线中。

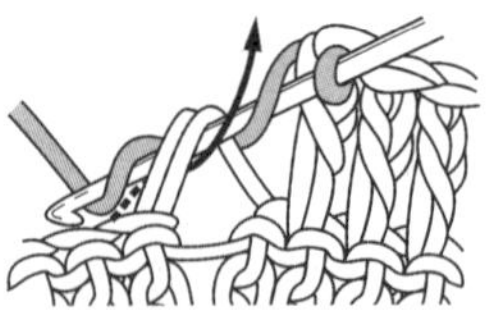

2 将线由外侧向内侧挂到针上，如箭头所示拉出线圈。

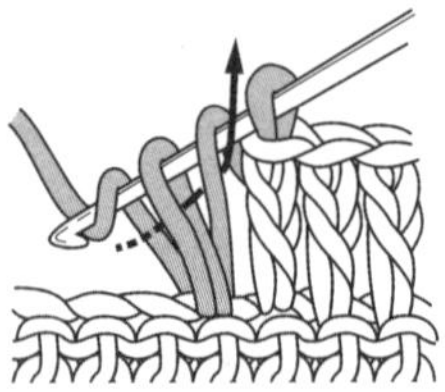

3 针上挂线，引拔穿出2个线圈。

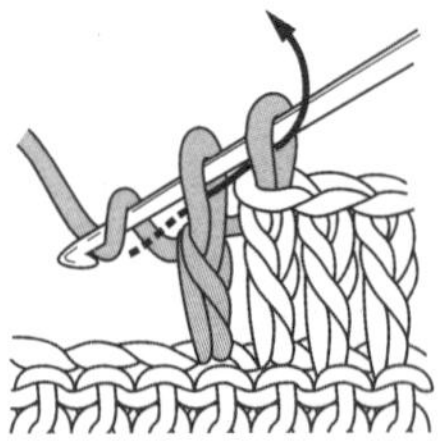

4 再次挂线，引拔穿出剩下的2个线圈。完成1针长针。

长针2针并1针

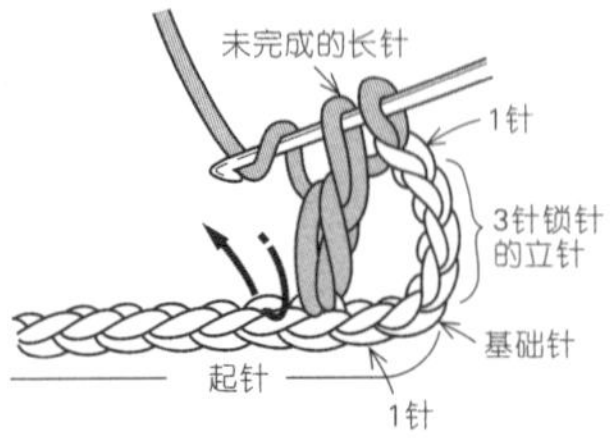

1 先钩织1针未完成的长针，同样的方法钩织下一针未完成的长针。

2 针上挂线，一次性引拔穿出3个线圈。

3 长针2针并1针完成。接着在箭头位置钩织2针未完成的长针。

4 完成第2个长针2针并1针。顶部的针目非常整齐。

2针长针中加1针锁针

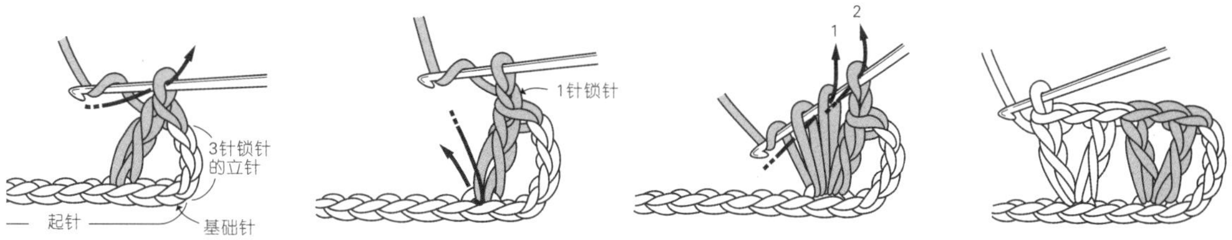

1 钩织3针锁针的立针，在从基础针开始的第2针上钩织1针长针。

2 钩织1针锁针，如箭头所示在已钩织长针的同一针上入针。

3 针上挂线，引拔穿出2个线圈。再次挂线，引拔穿出2个线圈。2针长针中加1针锁针完成。

4 完成第2个2针长针中加1针锁针。

3针长针的枣形针

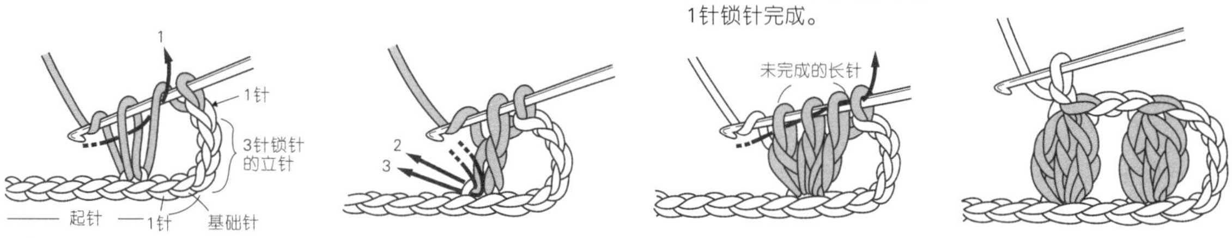

1 钩织3针锁针的立针。先钩织1针未完成的长针。

2 在同一针中入针，再钩织2针未完成的长针。

3 针上挂线，如箭头所示一次性引拔穿出所有的线圈。完成枣形针。

4 重复步骤1~3。完成第2个枣形针。

3针长针的枣形针（成束挑线）

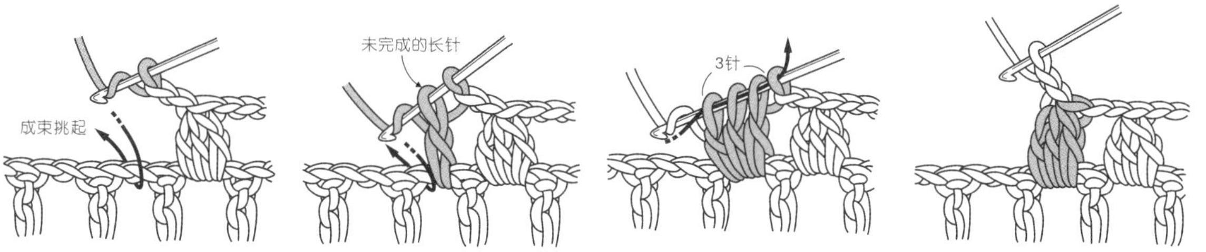

1 针上挂线，如箭头所示将上一行成束挑起。

2 针上挂线，引拔穿出2个线圈，完成1针未完成的长针。

3 同样位置再钩织2针未完成的长针，针上挂线，一次性引拔穿出所有的线圈。

4 完成3针长针的枣形针。钩织下一针后顶部的针目固定。

中长针

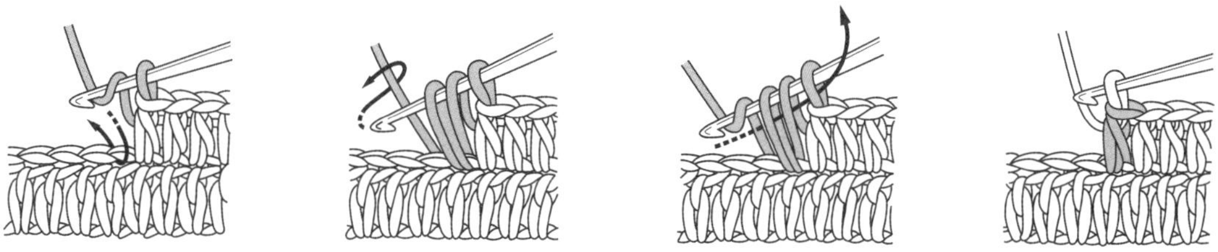

1 针上挂线，将针插入上一行针目头部的2根线中。

2 从外侧向内侧挂线，引拔拉出线圈，再次针上挂线。

3 一次性引拔穿出3个线圈。

4 完成1针中长针。

长长针

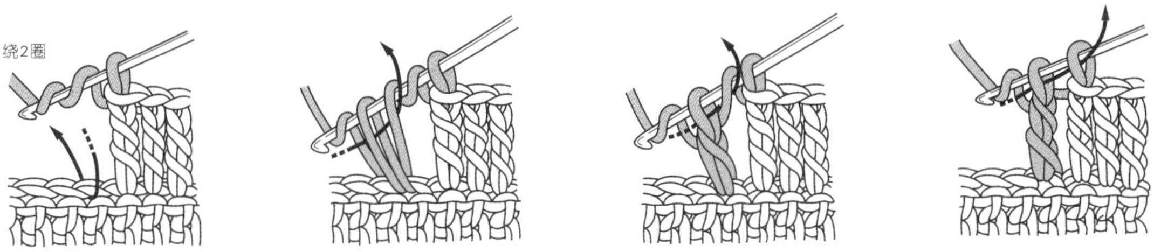

1 将线在针上绕2圈，将针插入上一行针目头部的2根线中。

2 针上挂线，引拔拉出线圈。再次针上挂线，引拔穿出2个线圈。

3 再次针上挂线，引拔穿出2个线圈。

4 再次针上挂线，引拔穿出剩下的2个线圈。完成1针长长针。

长长针的交叉针

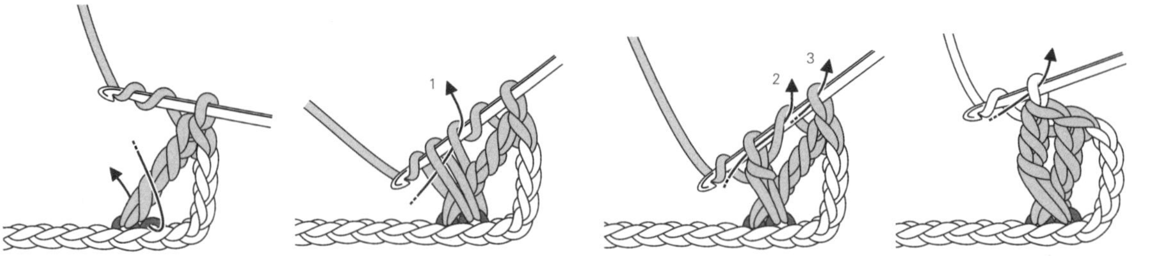

1 钩织1针长长针，将线在针上绕2圈，如箭头所示将针插入上一行锁针的里山。

2 引拔拉出线圈。针上挂线，引拔穿出2个线圈。

3 再次针上挂线，引拔穿出2个线圈。再次针上挂线，引拔穿出剩下的2个线圈。

4 完成长长针的交叉针。

3针中长针的枣形针

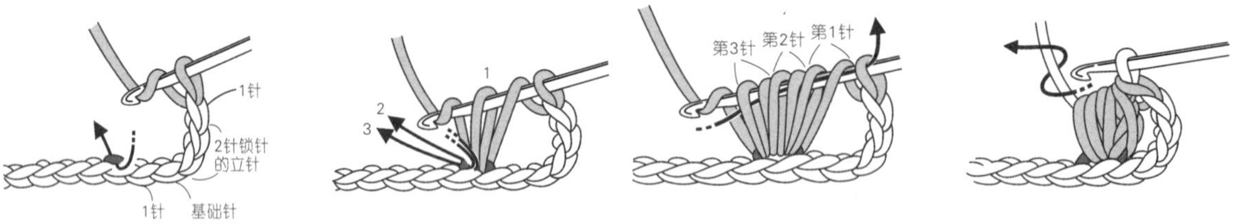

1 针上挂线，如箭头所示将针插入锁针的里山。

2 引拔拉出线圈，钩织1针未完成的中长针。在同一位置再钩织2针未完成的中长针。

3 针上挂线，一次性引拔穿出所有的线圈。

4 针上挂线，引拔钩织。完成枣形针。

长针的正拉针

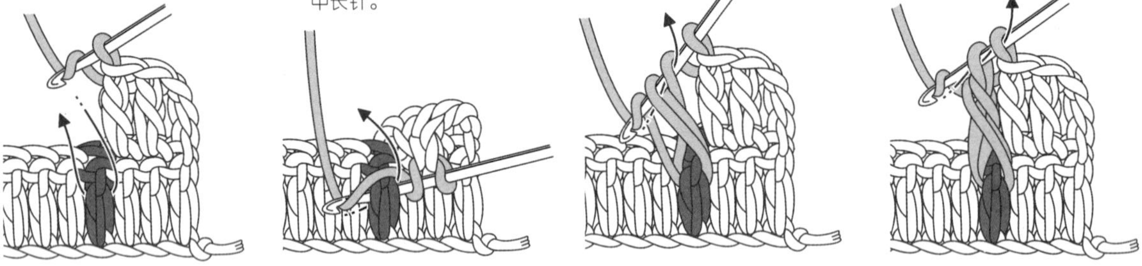

1 针上挂线，如箭头所示紧贴住上一行针目从内侧入针。

2 针上挂线，如箭头所示将线引拔拉出得稍长些。

3 针上挂线，引拔穿出2个线圈。

4 针上挂线，引拔穿出剩下的2个线圈。完成长针的正拉针。

短针的正拉针

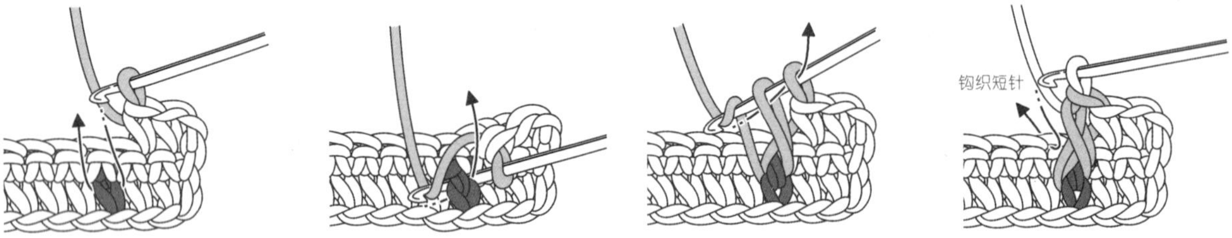

1 如箭头所示，紧贴住上上行的短针，从内侧入针。

2 针上挂线，如箭头所示将线引拔拉出得稍长些。

3 针上挂线，引拔穿出2个线圈。完成1针短针的正拉针。

4 跳过上一行的1针，继续钩织下一针短针的正拉针。

短针的反拉针

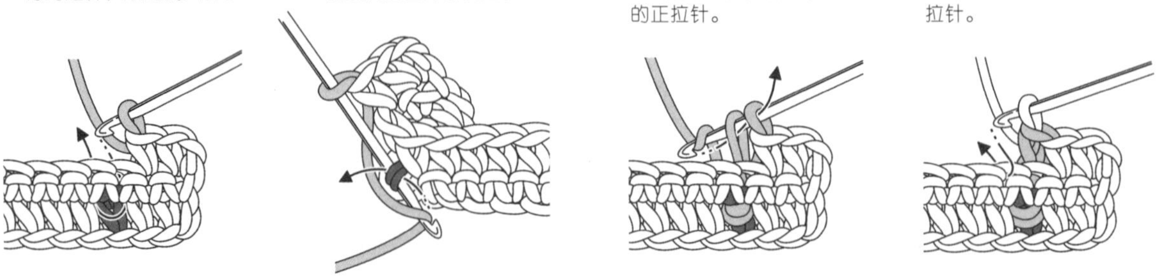

1 如箭头所示紧贴住上上行的短针，从外侧入针。

2 针上挂线，如箭头所示将线引拔拉出得稍长些。

3 针上挂线，引拔穿出2个线圈。完成1针短针的反拉针。

4 跳过上一行的1针，钩织下一针短针的反拉针。

5针长针的爆米花针

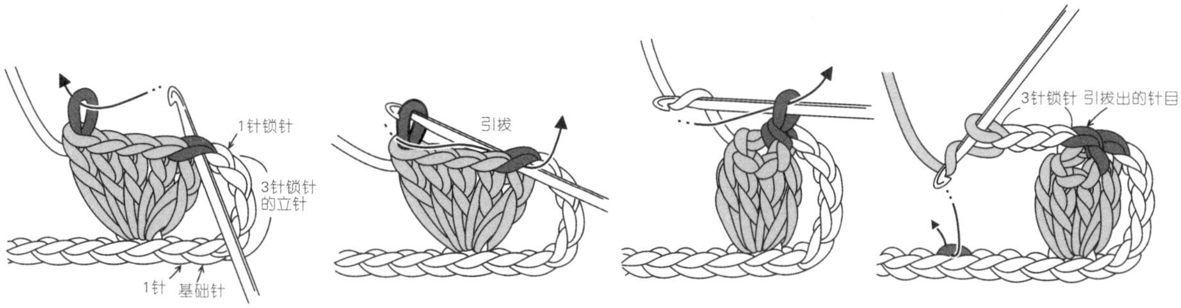

1 在同一锁针的里山钩织5针长针。把针抽出，插入第1针长针的头部和退下的针目中。

2 将退下的针目引拔拉出。

3 钩织3针锁针。

4 跳过起针的3针锁针，在下一针锁针的里山入针，重复步骤1~3。

3针锁针的狗牙拉针

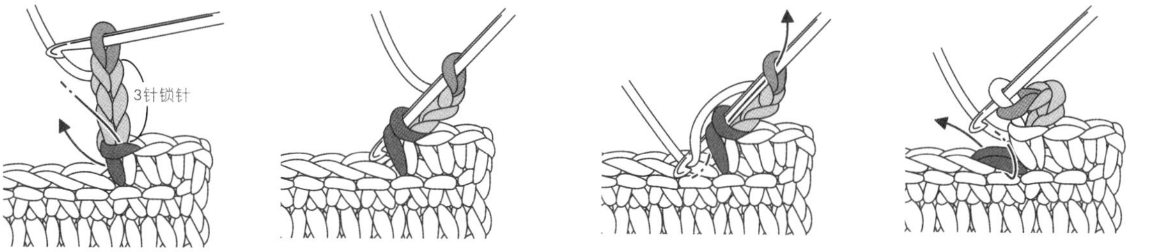

1 钩织3针锁针，如图所示将针插入短针头部半针和底部。

2 插入针后如图。

3 针上挂线，如图所示一次性引拔穿出所有的线圈。

4 完成3针锁针的狗牙拉针。

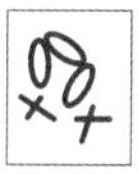

3针锁针短针的狗牙针

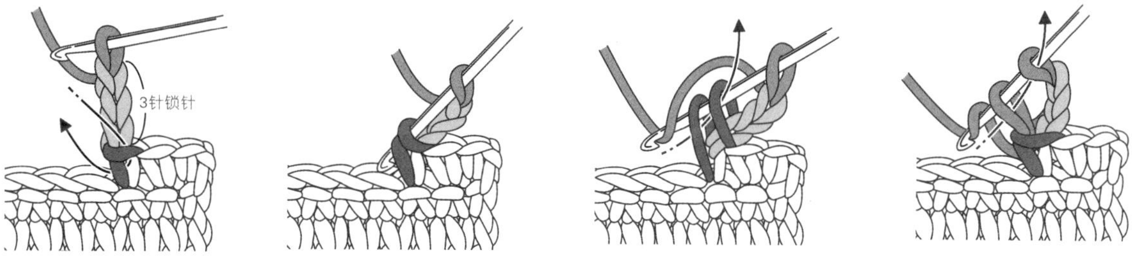

1 钩织3针锁针，如图所示将针插入短针头部半针和底部。

2 插入针后如图。

3 针上挂线，如图所示引拔穿出2个线圈。

4 针上挂线，引拔穿出剩下的2个线圈。完成3针锁针短针的狗牙针。

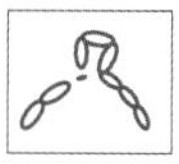

3针锁针的狗牙拉针（在网格中心钩织）

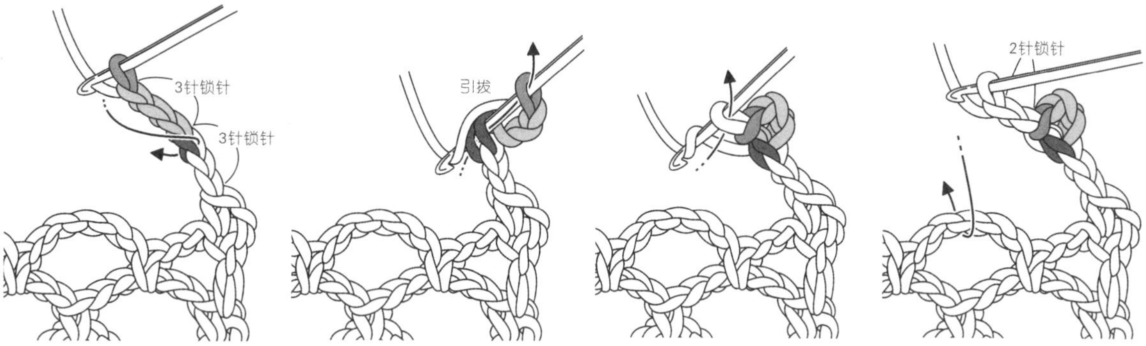

1 钩织3针锁针，如图所示将针插入锁针的半针和里山。

2 针上挂线，如箭头所示一次性引拔穿出所有的线圈。

3 完成3针锁针的狗牙拉针。针上挂线。

4 接着钩织2针锁针。

Photographers:SATOMI OCHIAI
Original Japanese edition published in Japan by NIHON VOGUE CO., LTD.,
Simplified Chinese translation rights arranged with BEIJING BAOKU
INTERNATIONAL CULTURAL DEVELOPMENT Co., Ltd.

日本宝库社授权河南科学技术出版社在中国大陆独家出版发行本书中文简体字版本。

著作权合同登记号：图字16—2013—048

图书在版编目（CIP）数据

爱恋蕾丝 精美的蕾丝服饰钩织/日本宝库社编著；梦工房译. —郑州：河南科学技术出版社，2014.10（2022.7重印）
ISBN 978-7-5349-6918-8

Ⅰ.①爱… Ⅱ.①日… ②梦… Ⅲ.①钩针-编织-图集 Ⅳ.①TS935. 521-64

中国版本图书馆CIP数据核字（2014）第151993号

出版发行：河南科学技术出版社
地址：郑州市郑东新区祥盛街27号 邮编：450016
电话：（0371）65737028 65788613
网址：www.hnstp.cn
策划编辑：刘 欣
责任编辑：李 平
责任校对：耿宝文
封面设计：张 伟
责任印制：张艳芳
印 刷：河南新华印刷集团有限公司
经 销：全国新华书店
开 本：889 mm × 1194 mm 1/16 印张：6 字数：120 千字
版 次：2014年10月第1版 2022年7月第2次印刷
定 价：49.00元